带着科学去旅行

中国少年儿童百科全书

奇妙的身体

梦学堂 编

北京日报出版社

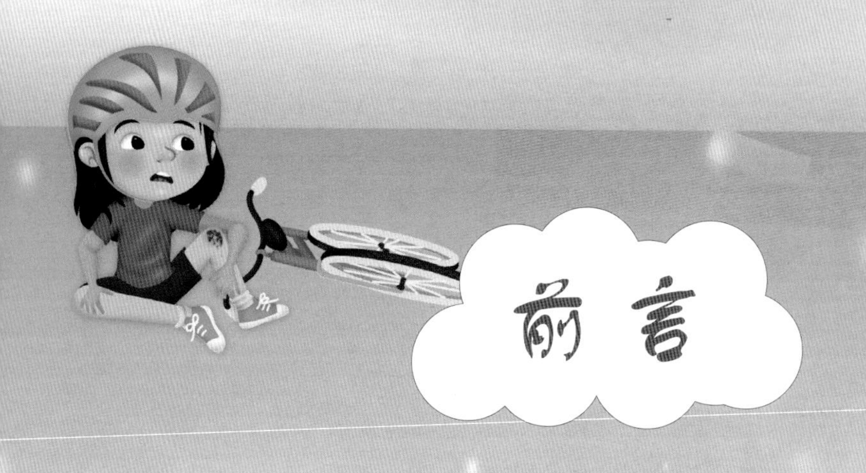

前言

孩子喜欢读什么书呢？这是每个家长都会问的问题。一本好看的童书一定是既新颖有趣又色彩丰富，尤其是儿童科普类图书。本套图书根据网络图书平台大数据，筛选了近五年来最热门的科普主题，包括动物、鸟类、昆虫、花草、树木、海洋、人的身体、天气、地球和宇宙十大高价值主题。

孩子的想象力既丰富又奇特，他们每天都会提出五花八门、千奇百怪的问题，很多问题连家长也难以解答。这时候就需要一套内容丰富、生动有趣，同时能够解答孩子疑惑的科普读物来帮忙。

本套图书采用全新的版式来编排，精美大气的高清彩图配上通俗易懂的文字，既生动亲切又新颖有趣。

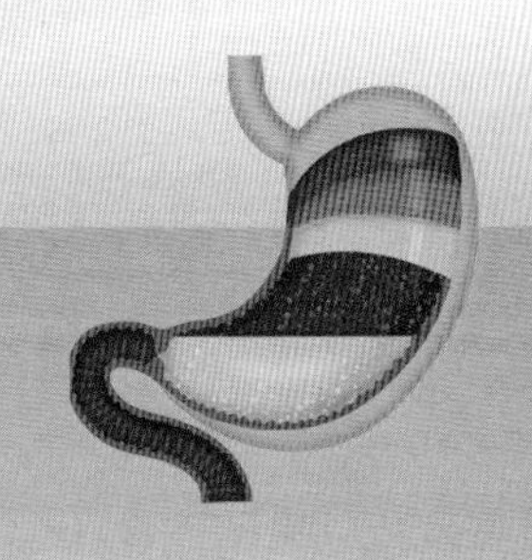

为了让孩子尽可能地理解、记住抽象深奥的人体知识，本书精心设置了简单易懂的“人体图说”板块，将书中最核心的知识清晰地标示在图上，相当于老师在课堂上把重点内容以图画的形式展示在小黑板上。孩子只要记住“人体图说”里面的知识，就能记住整本书的核心知识。

此外，本书还设置了“科学探险队”“你知道吗？”“真奇妙！”“原来如此！”等丰富有趣的板块，让孩子开心地跟随书中的小主人公一起去探索神奇的人体世界。

衷心期待本书能在孩子心中播下科学的种子，让孩子健康快乐地成长。

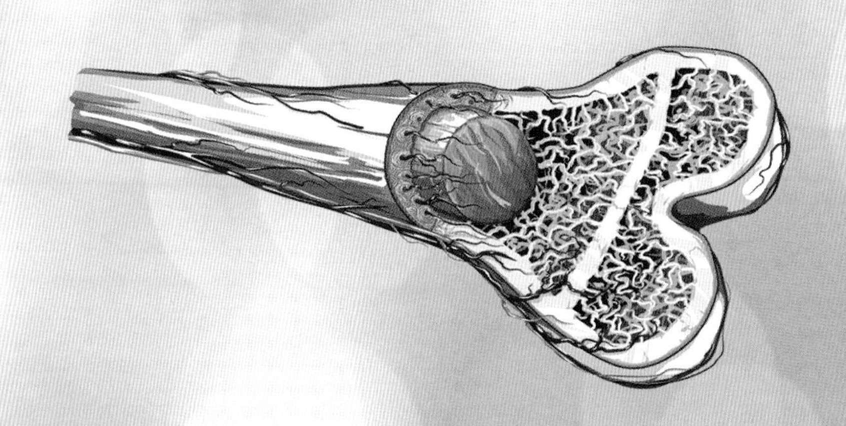

科学探险队

米小乐

不太爱学习的男孩，调皮、贪玩，对各种动物，尤其是海洋动物和昆虫感兴趣，好奇心强。

菲菲

对科学很感兴趣的女孩，学习认真，喜欢各种植物，特别是花草。

袋袋熊

贪吃，憨态可掬，喜欢问问题，特别是关于鸟类和其他小动物的问题。

米小乐：菲菲，咱们这次科学探险，要前往什么地方？

菲　菲：这次咱们不需要劳碌奔波了，今天市图书馆有一场关于人体知识的科普讲座，你们想不想去呀？

袋袋熊：听说是牛博士的讲座，他可是我的偶像，我一定要去！

菲　菲：好，袋袋熊肯积极上进，值得表扬！

米小乐：哈哈，我也想去听牛博士的科普讲座，出发！

本书的阅读方式

简要介绍人体各部分基本知识。

详细说明人体各部分的基本结构。

具体介绍人体各部分内部功能和工作机制。

耳朵

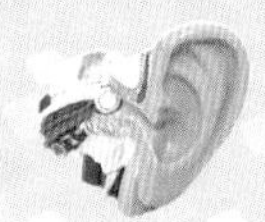

耳朵通过空气的振动来接收声波，声波先被耳郭收集，通过耳道向里传送。声波传导到耳膜，引起耳膜振动，再传到听骨。听骨推拉着内耳进口处的前庭窗，使耳蜗里的外淋巴也产生振动。耳蜗里有毛细胞，细胞上的纤毛受到刺激，会把振动转变为电信号，送入大脑。

人体图说

半规管是三个中空的充满内淋巴的环状结构，相互呈90°角，它们是身体的平衡器官。

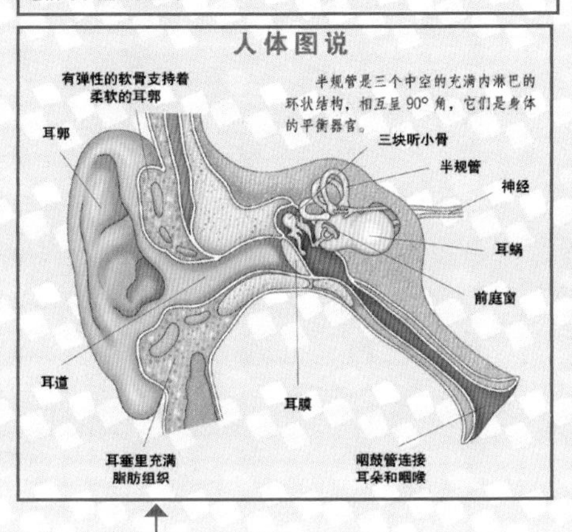

耳蜗

耳蜗的入口是一层像皮肤一样的薄膜，叫作前庭窗。耳蜗的管道分为三个腔，里面充满了液体。位于耳蜗中间的管道里还含有能检测声音的毛细胞，这些毛细胞能感受到传进来的振动。

半规管

连接半规管的神经

耳蜗管道

半规管里有毛细胞，它们可以监测到你的移动，并且与脑神经相连，通过发出信号，使大脑随时获得你的身体的最新位置信息，从而确保你能够站稳。

锤骨

砧骨

镫骨

锤骨、砧骨和镫骨

锤骨、砧骨和镫骨共同组成了一条听骨链，其中镫骨是人体最小的骨骼。听骨链可以将鼓膜和耳朵内部结构连接起来。锤骨、砧骨和镫骨负责传输和放大由鼓膜接收到的声波，并把声波传入耳蜗。

原来如此！

隐藏在头骨内的耳朵部分是最脆弱的。那里有耳膜、听骨链和耳蜗，它们的工作是先将声波的机械能转化为听觉神经上的电信号，然后再将电信号传送到大脑皮层的听觉中枢，而后我们才会产生听觉。

我们的耳朵里会产生耳垢，耳垢对耳朵有保护作用，不过如果耳垢过多，就必须及时清除掉。

“人体图说”简明扼要地解说人体各部分结构和功能。

“原来如此！”等小板块进一步介绍人体的各种冷知识和与人体相关的有用的小知识。

“科学探险队”现场聆听专家关于人体知识的科普讲座，为大家讲解奇妙的身体知识。

目录

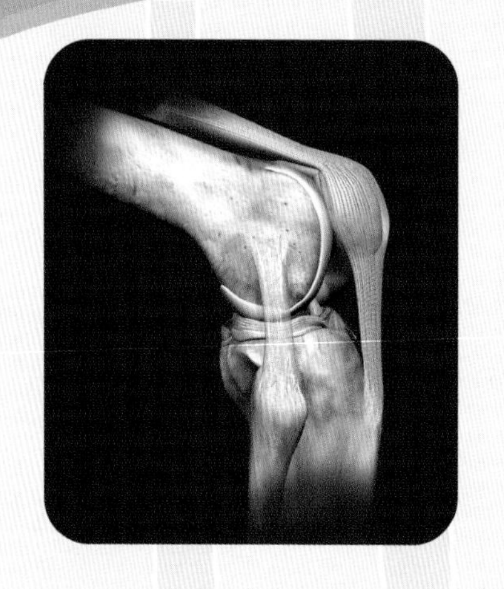

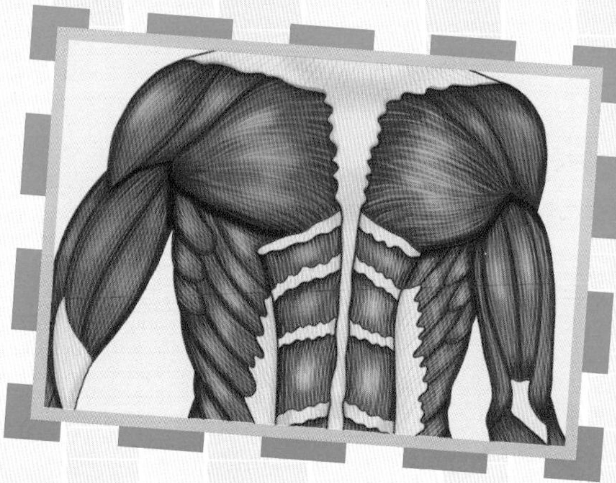

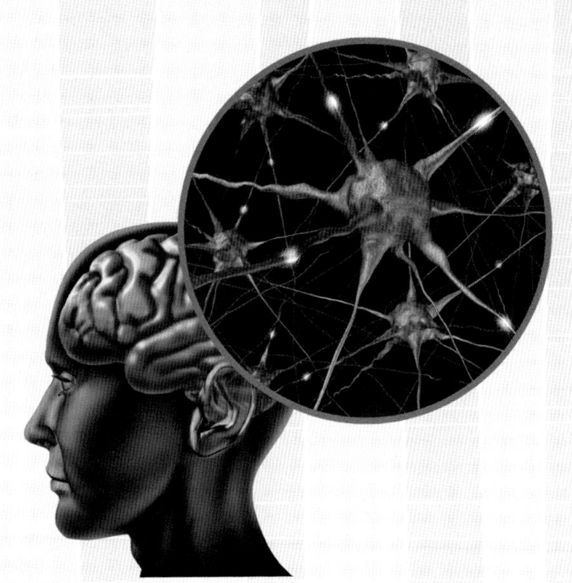

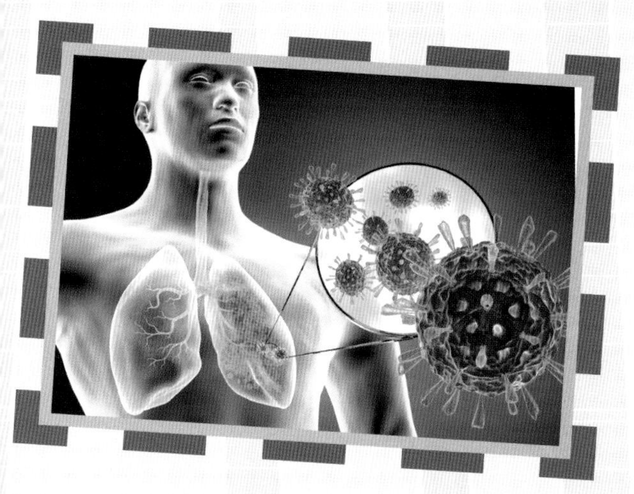

身体构成

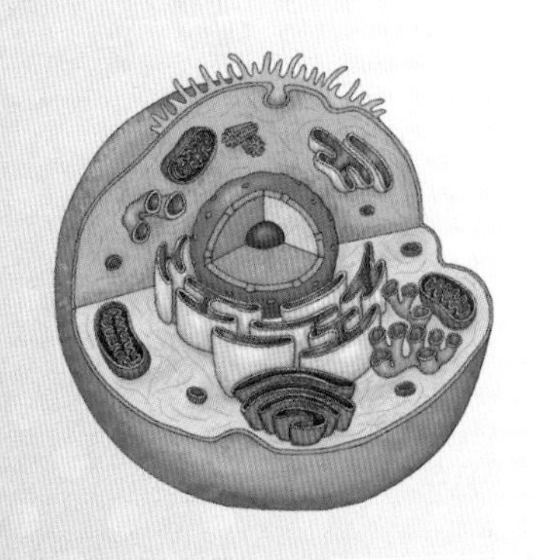

我们的身体非常复杂，它是一台超级精密的机器，由数十万亿个细胞组成。这些细胞之间相互紧密连接，构成了我们身体的各个器官和系统，使得整个身体能够和谐有序地运行。

人体图说

我们的身体有多达 11 种系统，每个系统都包含一组维持生命不可或缺的器官，这些系统并不是各自独立存在的，而是互相紧密联系在一起，协同工作，来维持一个健康的身体。

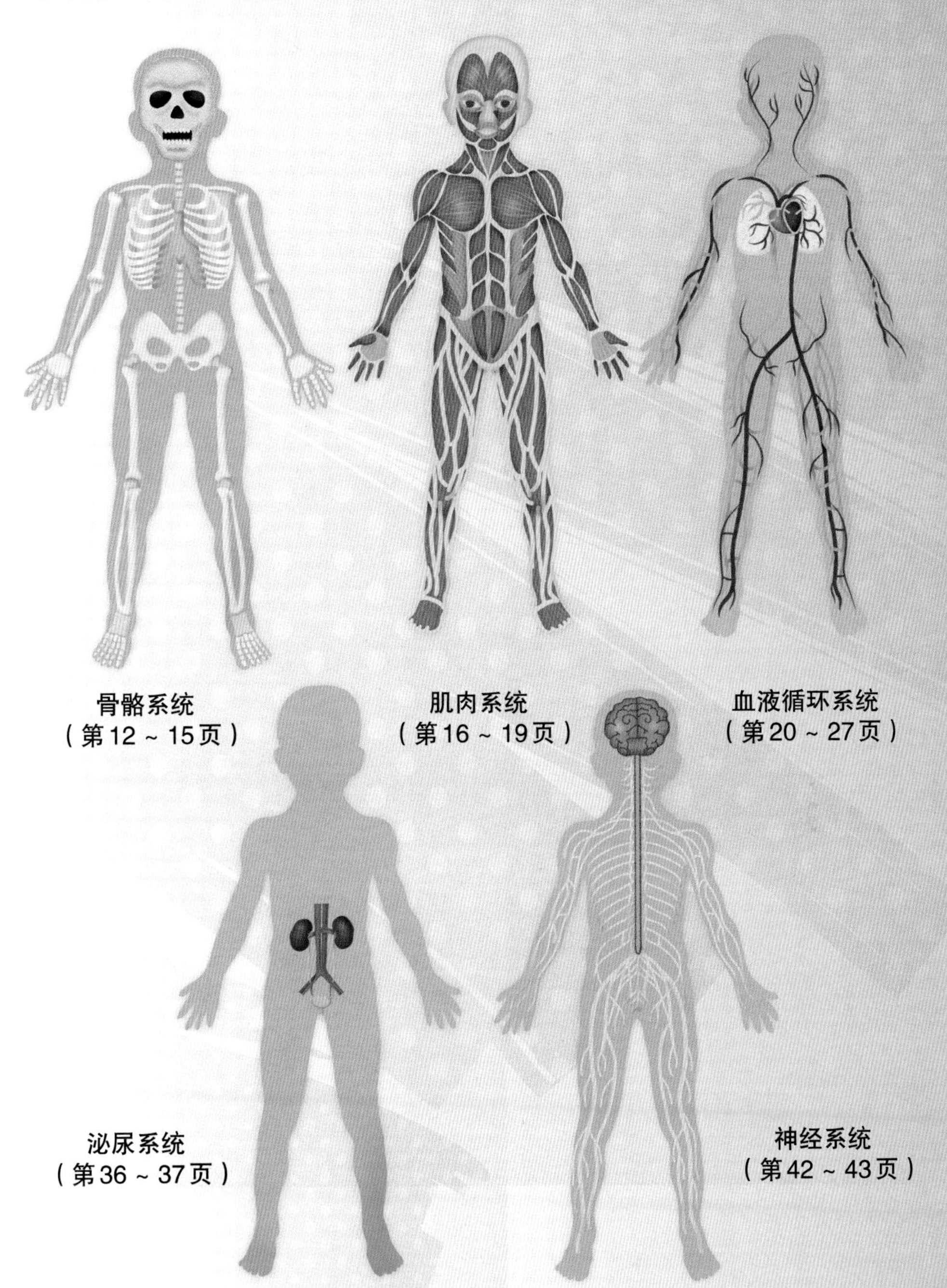

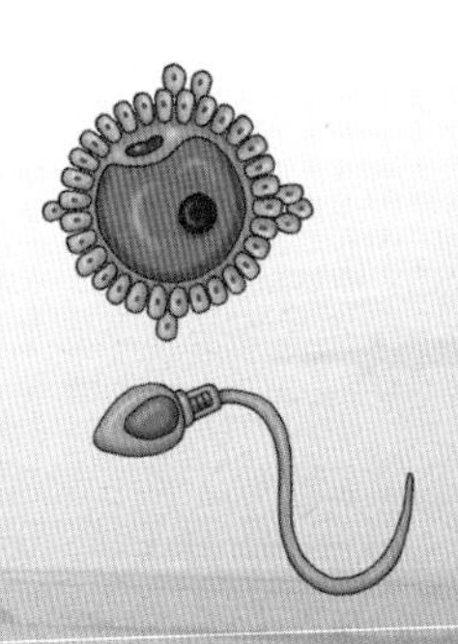

细胞

先来了解组成我们身体的最小个体——细胞，它们非常微小，人类肉眼根本看不到，需要借助显微镜才能看到。这些微小的细胞里面有很多不同的零部件，被用来制造各种物质、释放能量，把无法利用的物质进行再循环。虽然每个人的外形都存在着差异，但却有着相同的基本构造。

人体图说

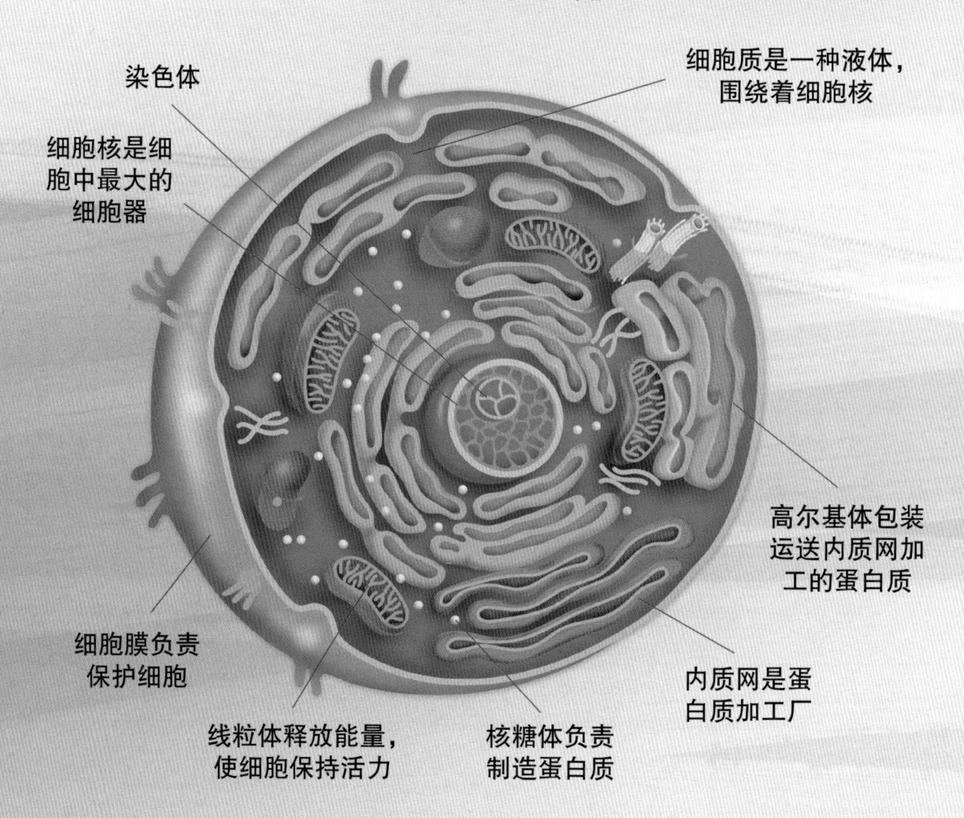

各种不同的细胞

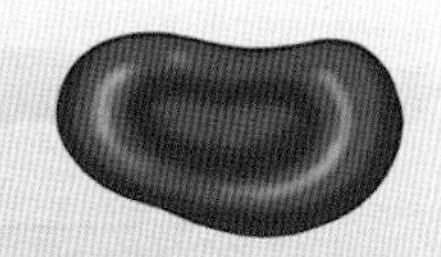
红细胞（血细胞）

肠道细胞

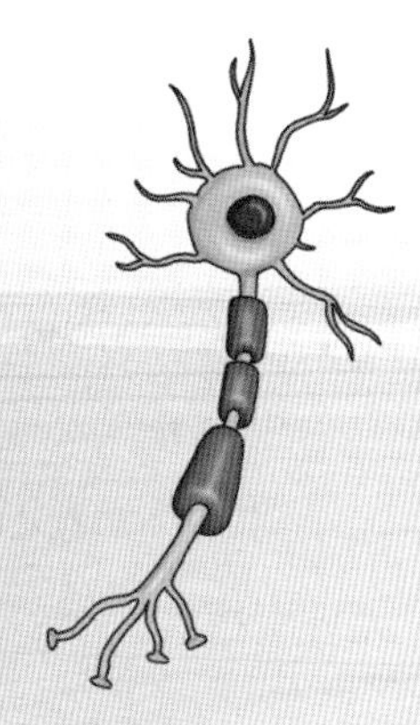
神经元（神经细胞）

肌细胞

骨细胞

染色体

细胞核有 46 条染色体，染色体是真核细胞在有丝分裂或减数分裂时脱氧核糖核酸存在的特定形式。

我们的身体每秒钟能产生大约 500 万个新细胞，用来代替死亡的细胞。

脱氧核糖核酸（DNA）

我们身体中的遗传信息贮存于 DNA 中。DNA 结构就像一个螺旋形的梯子，盘绕在一起的 DNA 可构成一条染色体。除了同卵双胞胎，每个人都有不同的 DNA，所以每个人都是独一无二的。

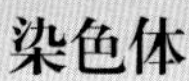

基因链

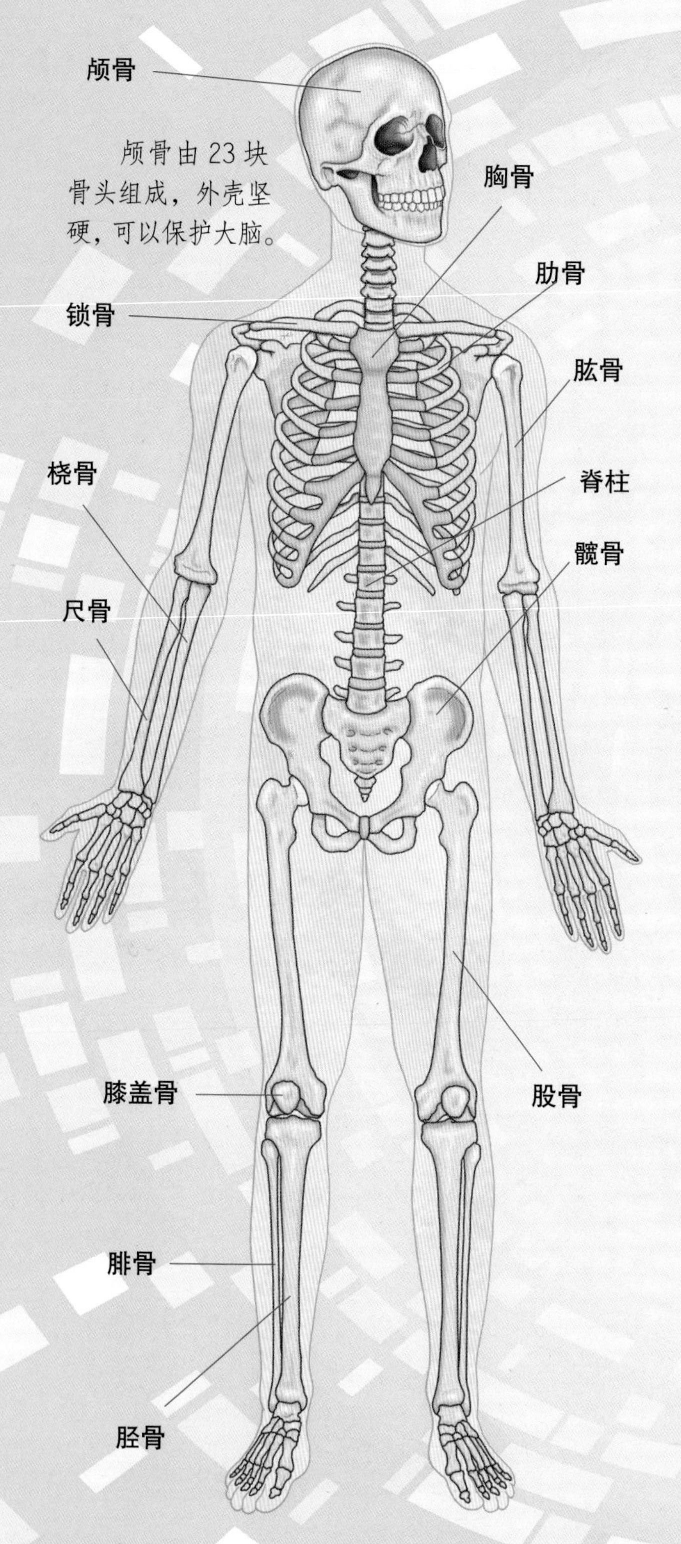

骨骼

骨骼支撑着我们的身体，并赋予身体形状。成年人有206块骨头，通过可以活动的关节连在一起。骨骼并不是没有生命，它里面充满了血管、神经和各种细胞。骨骼不仅能自己生长，还能自我修复。胎儿在妈妈的子宫里发育几个星期，骨骼就能长出来。出生后，整个儿童期，骨骼都一直在生长，直到成年。

骨的基本构造

骨的基本构造包括骨膜、骨质和骨髓。骨膜位于骨表面，内有神经和血管。骨质又包括骨密质和骨松质，前者质地坚硬致密，分布于骨的表层；后者呈海绵状，分布于骨的内部。骨髓位于骨髓腔和骨松质的空隙内，分为红骨髓和黄骨髓。红骨髓有造血功能。黄骨髓贮存着富含能量的脂肪。

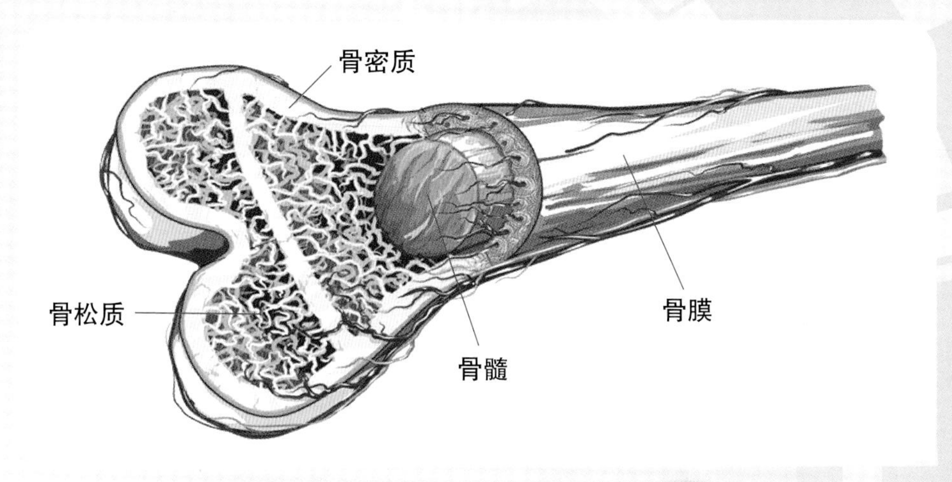

身体中最小的骨骼是位于耳朵内部的镫骨，它只有米粒般大小，镫骨是三块听小骨中的一块。

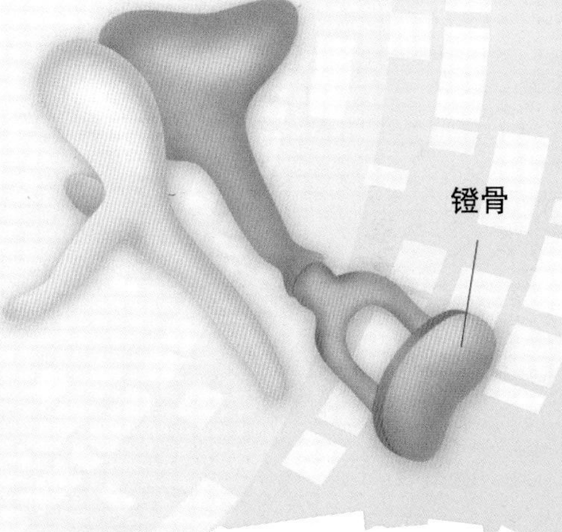

你知道吗？

我们的骨骼非常坚硬，其硬度可以跟钢铁相比，但是重量却像铝一样轻，而且大部分长在手和脚上。

鸟儿的骨架比人类的骨架更轻巧，因为它们的骨骼内部是中空的。

关节

骨与骨之间的连接称为骨连接，而骨连接又分为直接连接和间接连接，关节是间接连接的一种形式。大部分关节都能自由活动，从而使骨骼系统变得非常灵活，让我们能跑、跳、写字和做其他各种活动；但也有一些关节是固定、僵硬的。我们的身体中共有6种可以自由活动的关节。

人体图说

车轴关节

车轴关节是一块骨头的圆形末端“嵌”在另一块骨头的一端，两块骨头相互契合，就像车轴与轴承一样。该关节位于颈部上端，可以使我们的头部自由旋转。

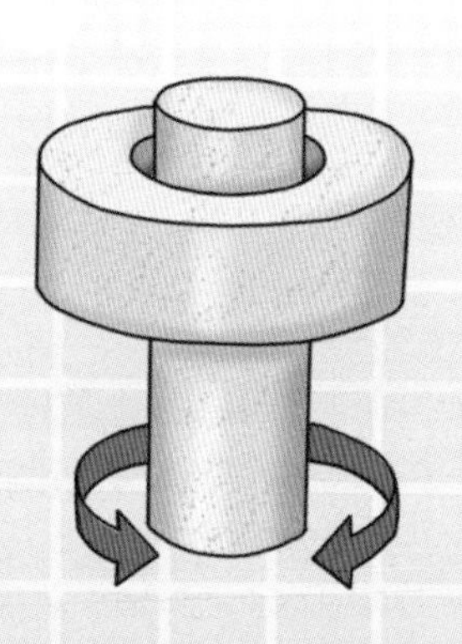

鞍状关节

我们身上唯一的鞍状关节就是拇指关节，它位于拇指根部，允许拇指做出屈、伸和内收、外展的动作。

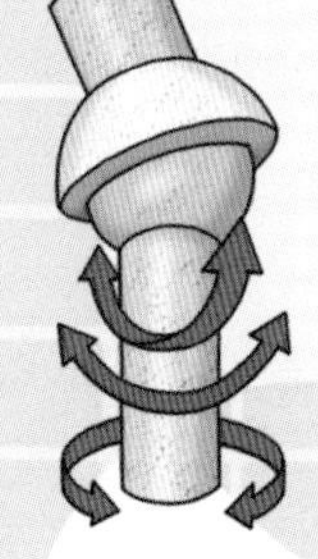

球窝关节

球窝关节的关节头是球形，关节窝像杯子，两端嵌合在一起，可做多方向运动，如髋关节、肩关节。该关节可使我们的手臂和腿向不同的方向摆动。

椭圆关节

椭圆关节的关节头是椭圆球面，关节窝是椭圆形凹面。该关节可使我们的手腕做屈伸运动和收展运动。

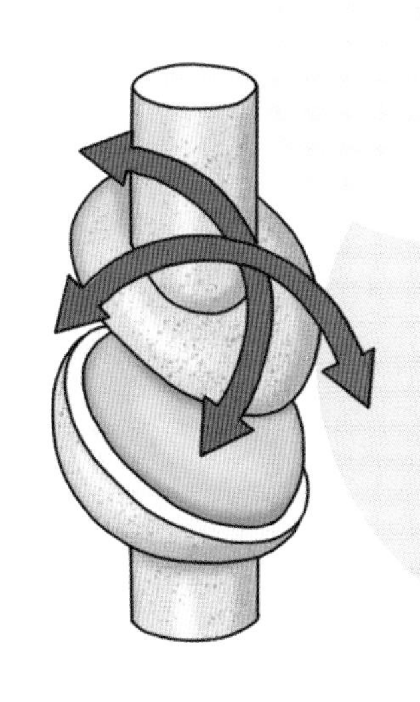

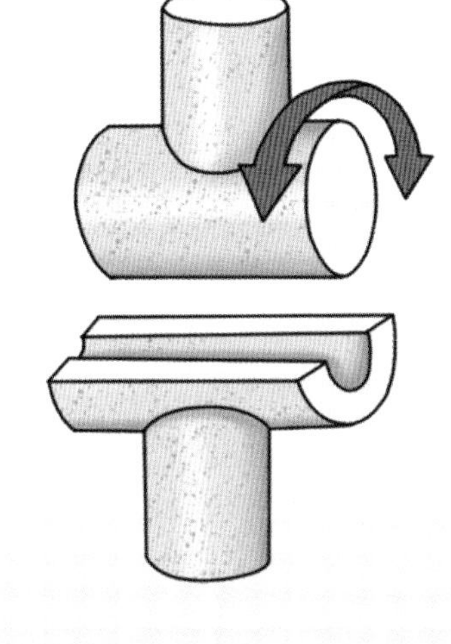

屈戌关节

屈戌关节就好像我们平常见到的门上的合页，只能向一个方向开关，如肘关节、膝关节、指（趾）关节等可向一个方向做屈伸运动。

平面关节

平面关节的关节端表面是扁平的，互相紧密契合，只能做小幅度的滑动，如腕骨间、跖（zhí）骨间（脚掌部位）的关节。

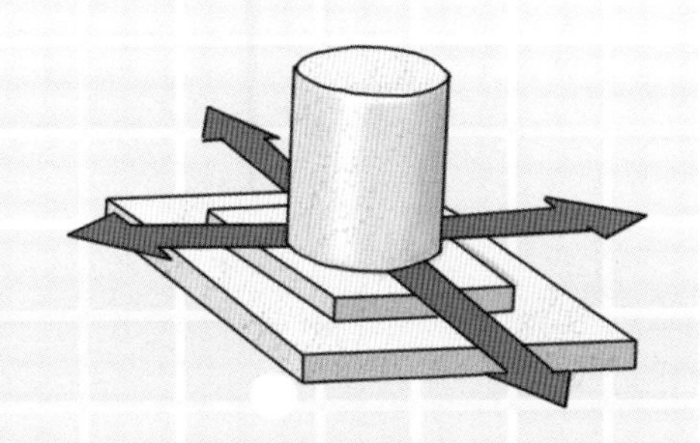

小问号？

关节是怎样工作的？

关节由关节囊紧密联结在一起，关节囊是一种坚韧的纤维质，关节之间充满了滑液，可以帮助润滑关节，关节顶端光滑而富有弹性，这些结构可以使关节平滑地移动。

人体大约有 400 个关节，其中超过 250 个都可以自由活动。

肌肉

我们的身体大约有639块肌肉，这是我们平日能够活动的原因。肌肉按结构和功能可分为三种：骨骼肌、心肌、平滑肌。绝大部分肌肉都受我们的意识控制。例如，当你想翻书时，你手上的肌肉就会听从大脑的指令去执行。也有一些肌肉不受我们的意识控制。例如，心肌、平滑肌。

人体图说

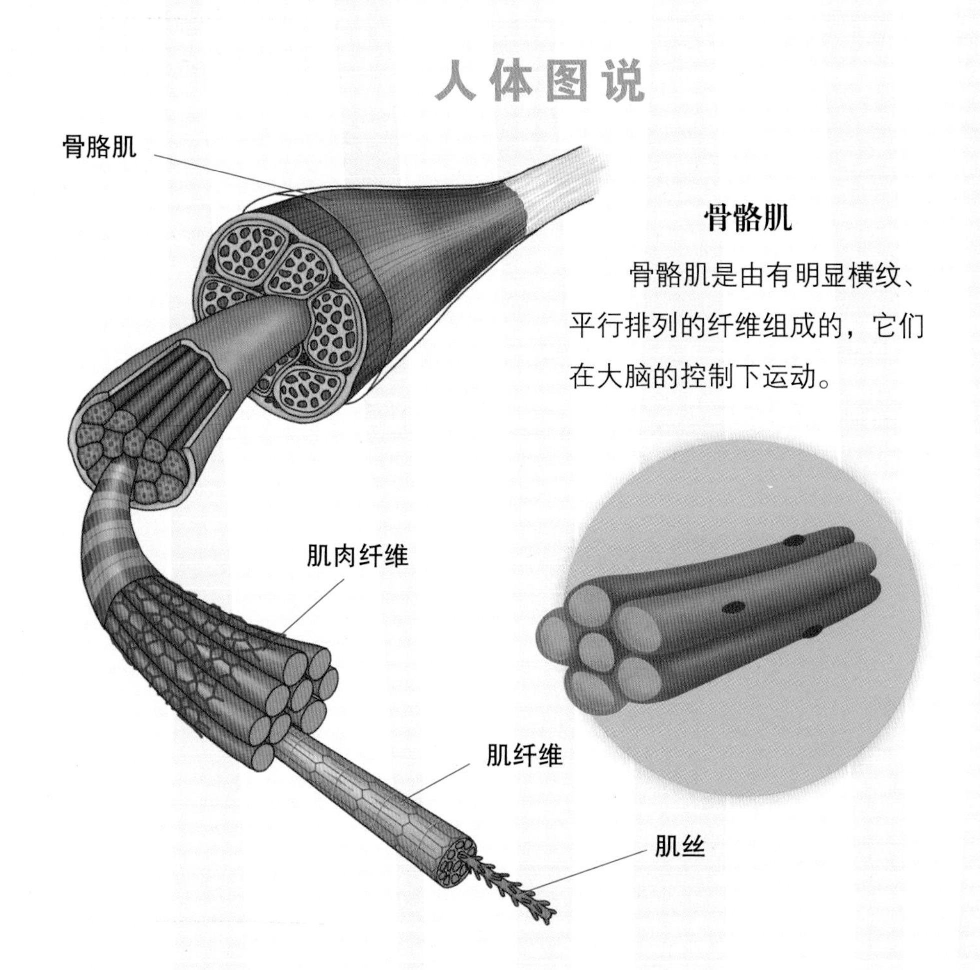

骨骼肌

骨骼肌是由有明显横纹、平行排列的纤维组成的，它们在大脑的控制下运动。

肌肉是怎样工作的?

骨骼肌是由成束的肌肉纤维构成的。每根肌肉纤维都由更小的管状纤维——肌纤维组成，而这些细小的肌纤维里还有更微细的纤维——肌丝。当肌丝一起滑动时，所有的肌肉纤维就会缩短，于是整块肌肉就随之收缩，拉动骨骼，使其移动。

心肌

心肌是由可以自主收缩的横纹纤维组成的。它们永不停歇地收缩，进而使我们的心脏搏动。

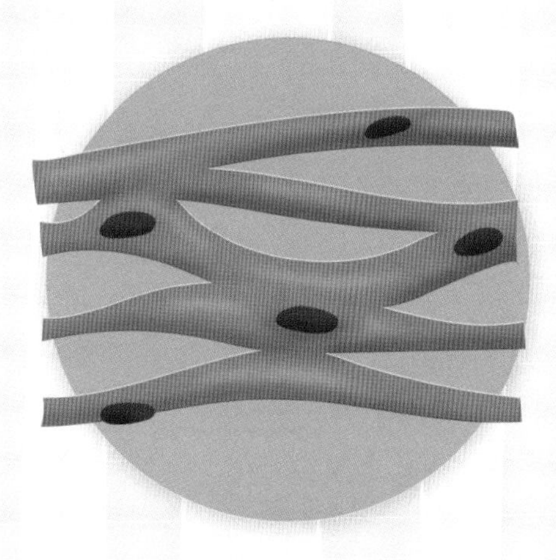

平滑肌

平滑肌由许多细长的细胞组成，这些细胞常常互相联结成片。平滑肌构成了我们身体内的许多器官，如胃的一部分。它们通过挤压身体内部的中空器官，如胃和肠道，来促使其运转。

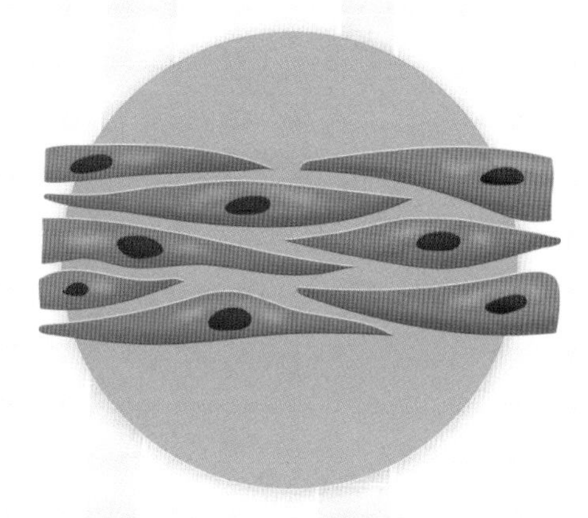

小秘密!

身体里最有力的肌肉是颌部的咬肌，这是负责咀嚼食物的肌肉。一个人要想微笑至少要使用 12 块面部肌肉，而人的面肌可以表现出大约 7000 种不同的表情，其中一些表情持续时间不到 1 秒。

我们的舌头有 14 块肌肉，所以非常柔软，可以扭曲成各种形状。

肌肉运动

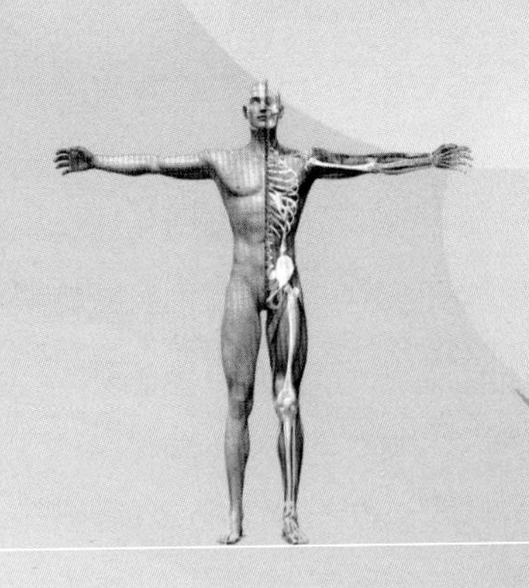

骨骼肌可以通过牵引力使其相连的骨骼移动。肱（gōng）二头肌和肱三头肌是对立肌，当其中一个收缩时，另一个也随之舒张，反之亦然。这种协调的动作可以使前臂的运动成为可能。

人体图说

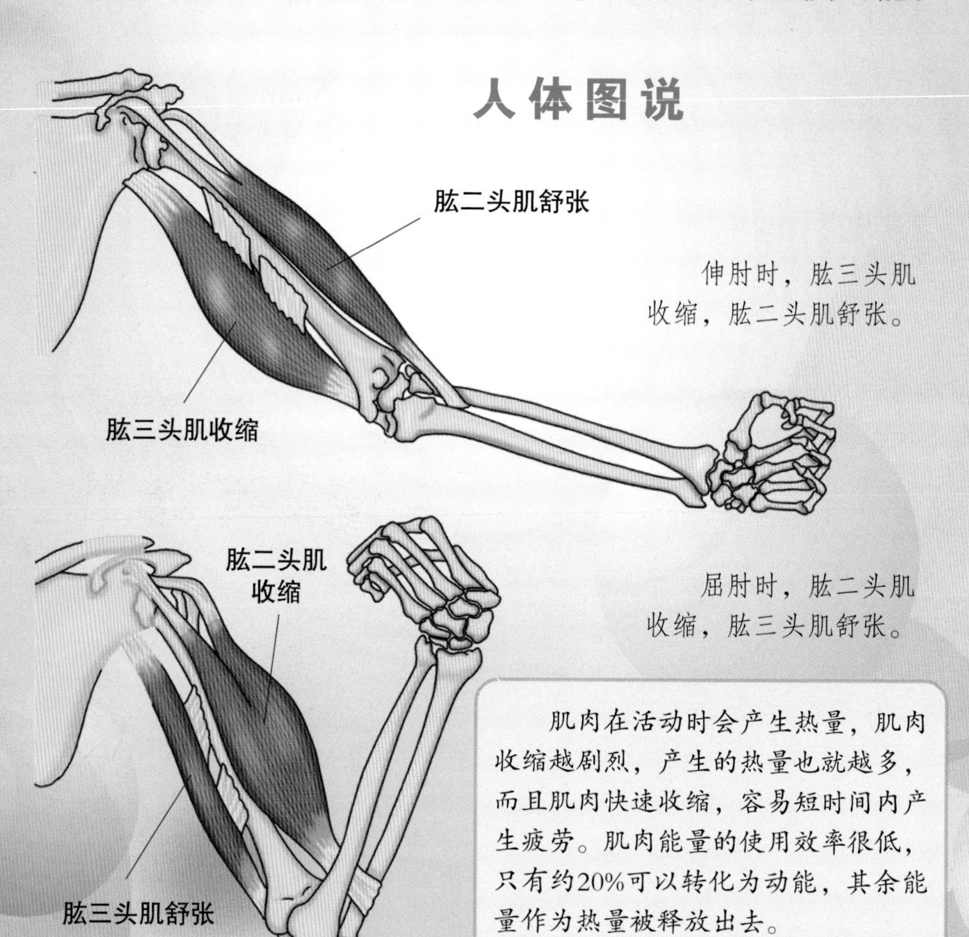

伸肘时，肱三头肌收缩，肱二头肌舒张。

屈肘时，肱二头肌收缩，肱三头肌舒张。

肌肉在活动时会产生热量，肌肉收缩越剧烈，产生的热量也就越多，而且肌肉快速收缩，容易短时间内产生疲劳。肌肉能量的使用效率很低，只有约20%可以转化为动能，其余能量作为热量被释放出去。

强壮的肌肉是怎么来的?

如果你想拥有强壮的肌肉，不仅要经常锻炼，还要多吃富含蛋白质的食物，因为蛋白质是构成肌肉的原料。常见的富含蛋白质的食物包括肉类、鱼类和蛋类。另外，你也要吃含碳水化合物的食物，如馒头、土豆、米饭、面条等，这些食物可以为你的肌肉提供所需的能量。

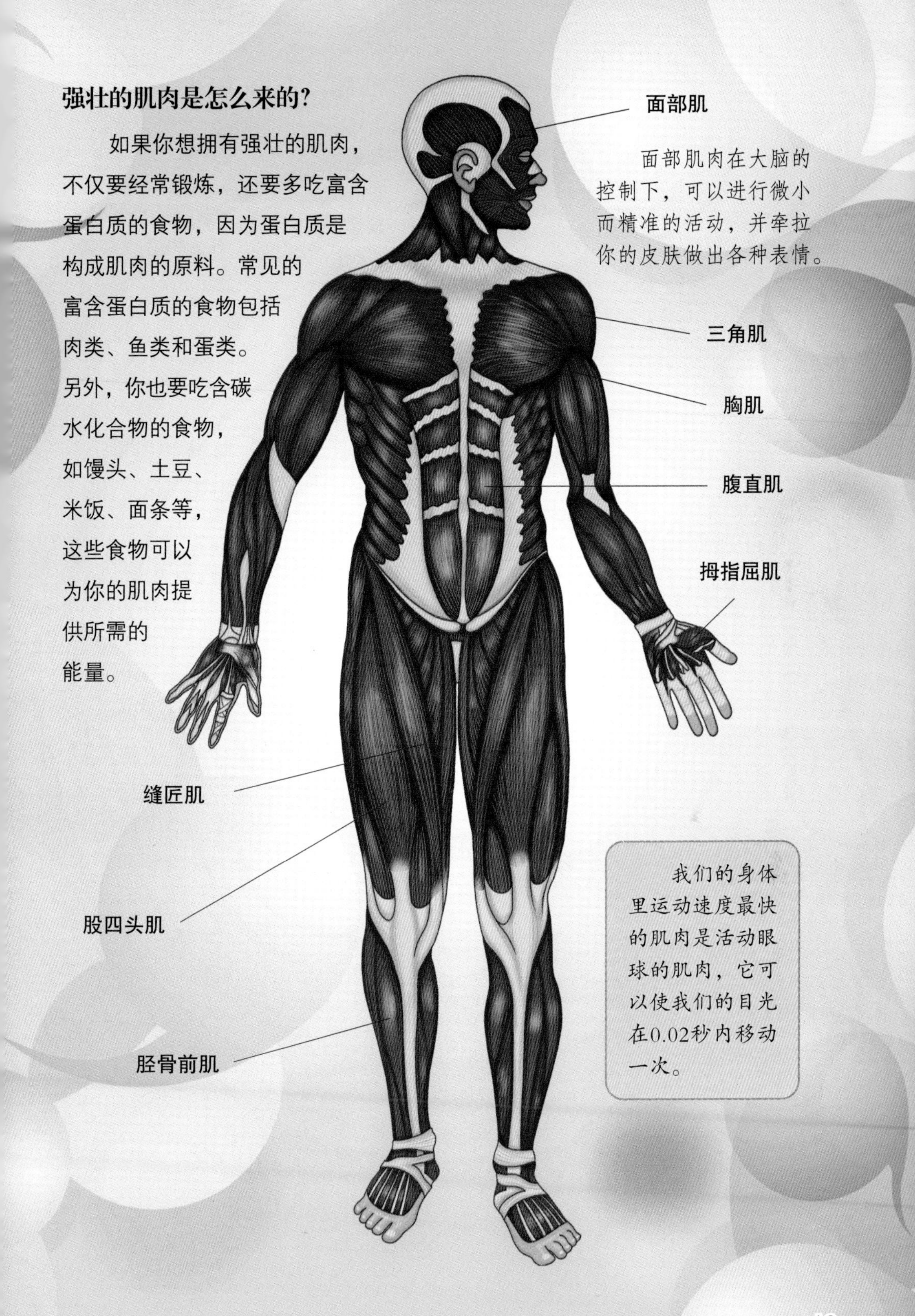

面部肌肉在大脑的控制下，可以进行微小而精准的活动，并牵拉你的皮肤做出各种表情。

我们的身体里运动速度最快的肌肉是活动眼球的肌肉，它可以使我们的目光在0.02秒内移动一次。

血液

把一个人的血管相连，其长度可以绕地球两圈！

我们的身体需要源源不断地获取氧气和营养物质，而负责运输氧气和营养物质的媒介就是血液，血液通过动脉和静脉循环到全身各处。另外，血液也可以把身体产生的“废物”排出。血液的“免疫”功能非常强大，它里面的白细胞可以抵御细菌、病毒的入侵。

人体图说

血液的成分

血液由血细胞和血浆组成。血细胞包括携带氧气的红细胞、能够抵御细菌侵袭的白细胞和用于修复伤口的血小板。血浆为淡黄色的液体，成分比较复杂，包括蛋白质、脂类、无机盐、糖、氨基酸、代谢废物及大量的水。当血液含氧量多时呈鲜红色，含氧量少时则呈暗红色。

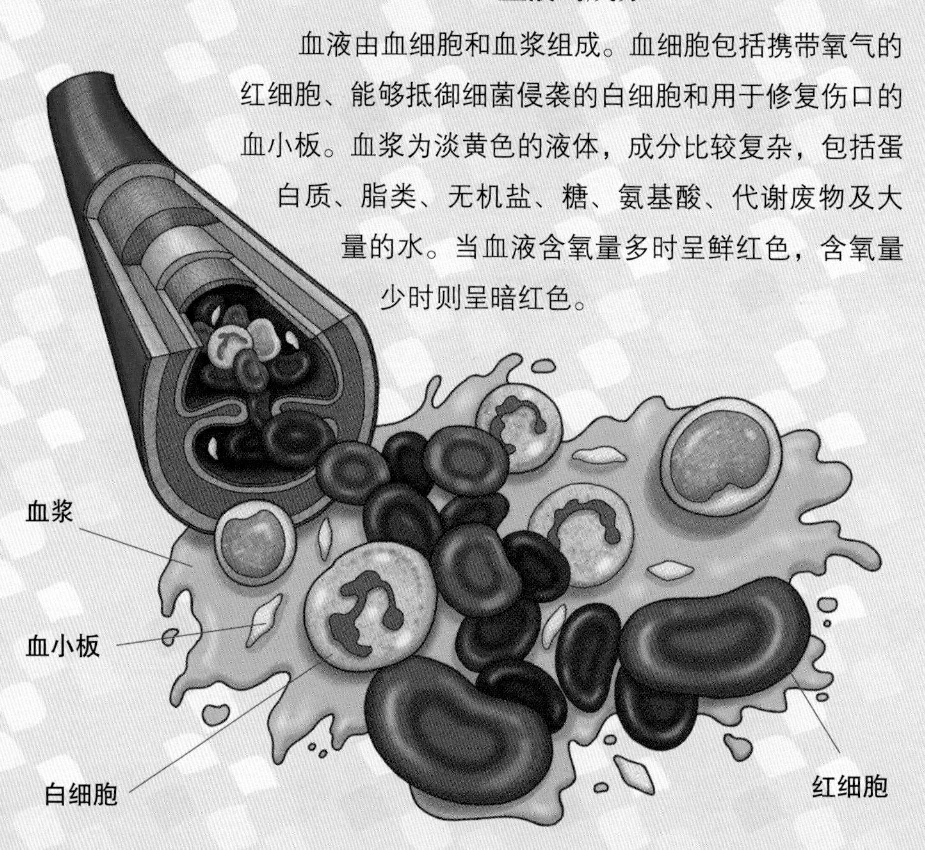

伤口愈合

当你不小心受伤时，身体会做出各种反应。首先白细胞会包围并吞噬伤口中的细菌，然后血小板会产生丝状纤维网来兜住血细胞，阻止伤口继续流血，最后血小板与血细胞共同凝结成血痂，血痂下会重新长出新的组织。

你的血型

依据红细胞表面是否存在某些可遗传的抗原物质，可以将血液分为四种类型：A 型、B 型、AB 型和 O 型。抗原物质位于红细胞的表面，它们能够帮助我们的身体识别出不属于我们的血细胞。我们的血液中也可能含有抗体，抗体可以粘到携带不属于本身抗原的血细胞上。

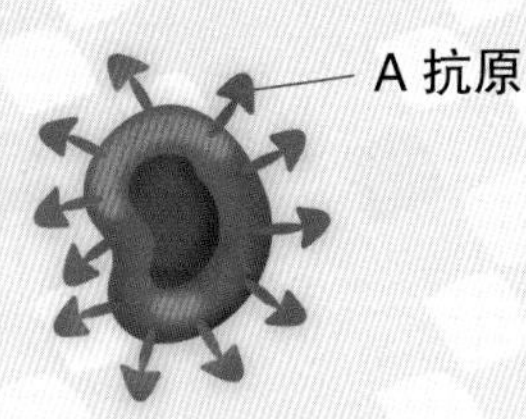

A 型血的人，其血液中的红细胞携带 A 抗原。A 抗原抗 B 抗体。

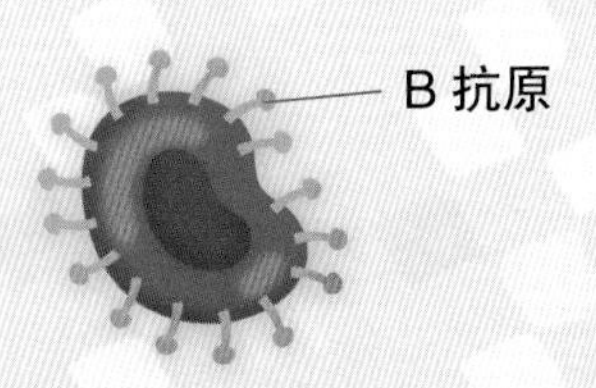

B 型血的人，其血液中的红细胞携带 B 抗原。B 抗原抗 A 抗体。

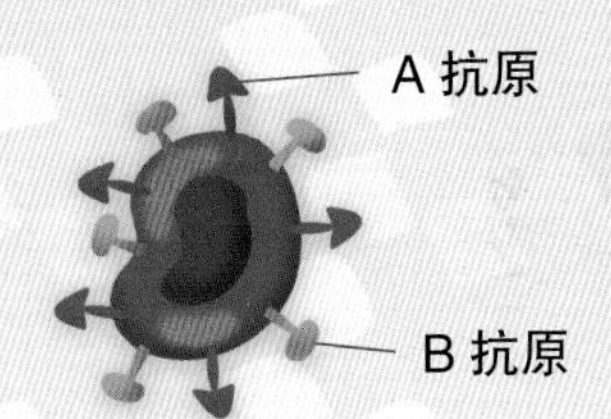

AB 型血的人，其血液中的红细胞不携带抗体，可以接受任何血型者的血液。

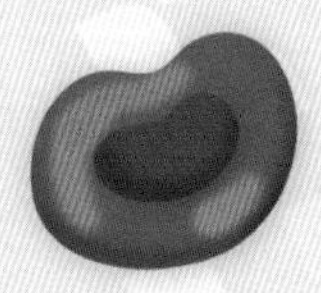

O 型血的人，其血液中的红细胞不携带任何抗原，可以为任何人输血。

小秘密！

一个成年人体内大约有 5 升血液，相当于体重的 8%。

血液循环

血液循环系统由心脏、血液、血管共同构成，可以为身体各个细胞提供营养物质和氧气。血液循环速度很快，不到1分钟就能全身循环一次。

人体图说

动脉和静脉在我们全身各处交织成网络。动脉和静脉由毛细血管连接在一起，毛细血管非常小，图中看不到。动脉负责把富含氧气的血液从心脏运出，而静脉则是把缺乏氧气的血液带回心脏。

血液通过两条环路循环全身。一条是由静脉输送的蓝色环路，相对较短；另一条是由动脉输送的红色环路，相对较长。

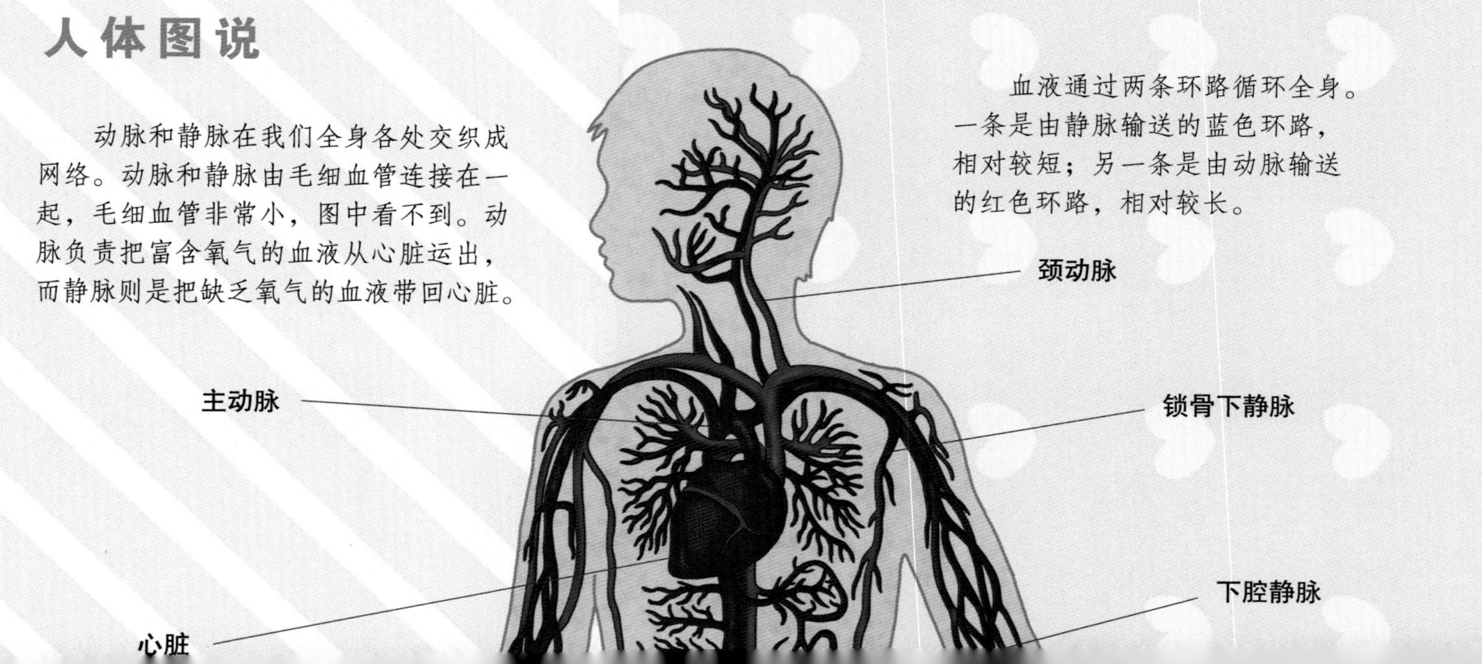

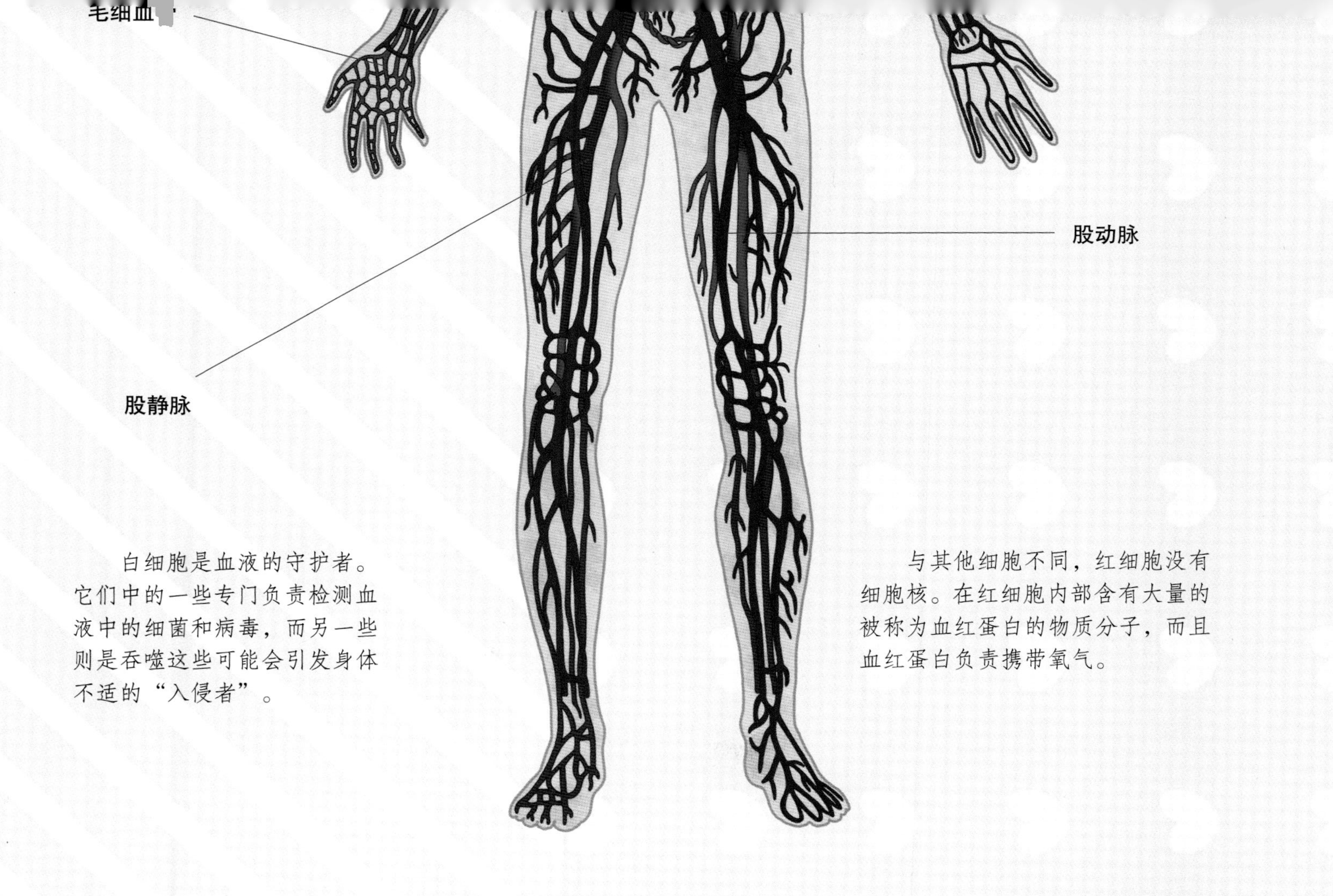

白细胞是血液的守护者。它们中的一些专门负责检测血液中的细菌和病毒，而另一些则是吞噬这些可能会引发身体不适的“入侵者”。

与其他细胞不同，红细胞没有细胞核。在红细胞内部含有大量的被称为血红蛋白的物质分子，而且血红蛋白负责携带氧气。

心脏

心脏位于胸腔中部偏左下方，像拳头般大小，它是一台强大的泵，始终在不知疲倦地工作着。它时时刻刻都在跳动，而且可以将大约数百升血液输送到血液循环中。心脏跳动的频率取决于身体的需要。当身体劳累时，由于细胞需要更多能量，心脏便会加快工作速度。所以人在剧烈运动时，心脏也会剧烈跳动。

人体图说

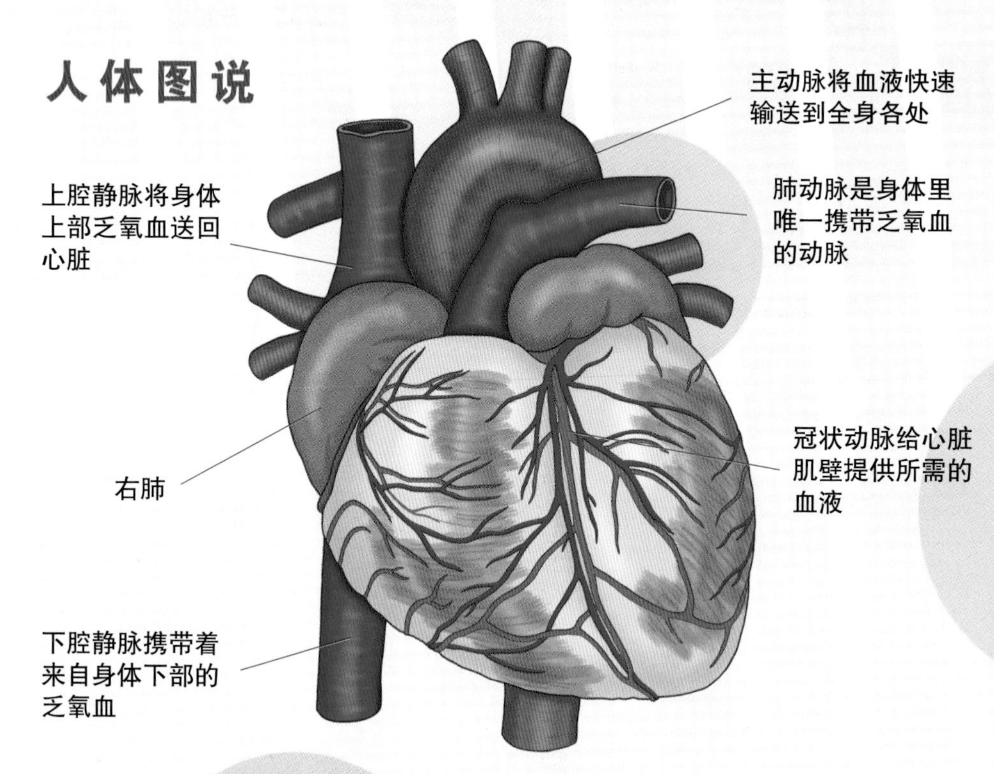

心脏时刻不停地在工作，它本身也需要源源不断的养料和氧气，单靠心腔里汩汩流淌的血液，无法满足心脏的需要。心脏有着自己的血管网络，其可以供应自己所需的养料和氧气。

心脏结构

心脏可以分为左右两个部分（左心和右心），这两个部分也各有分工。左心和右心都由一个较小的腔体与一个较大的腔体组成，较小的腔体叫作心房，较大的腔体叫作心室。右心负责接收由静脉输送回的乏氧血，并将其送到肺部进行气体交换。左心负责接受来自肺部的富氧血，并将其泵送到身体各个部位进行循环。

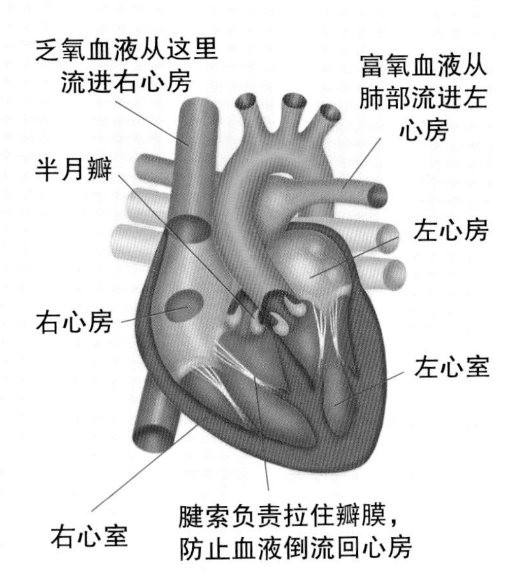

心脏是如何工作的?

一次心跳可以分为三个阶段：第一阶段，心肌舒张，血液流向右心房和左心房。第二阶段，两个心房收缩，瓣膜开放，将血液挤到两个心室中。第三阶段，两个心室收缩，将乏氧血液泵送到肺部，或将富氧血液泵送到全身。

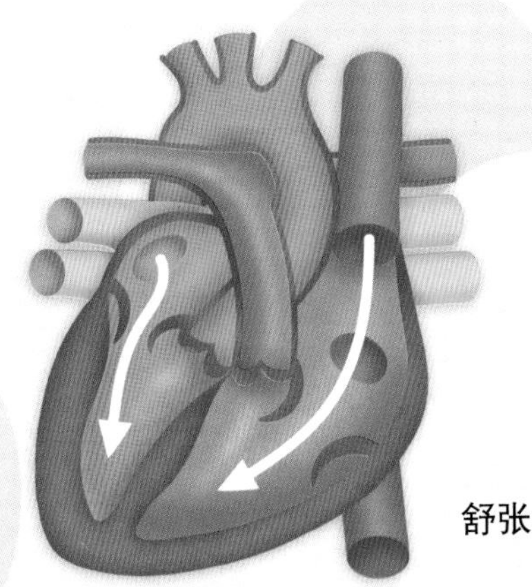

舒张

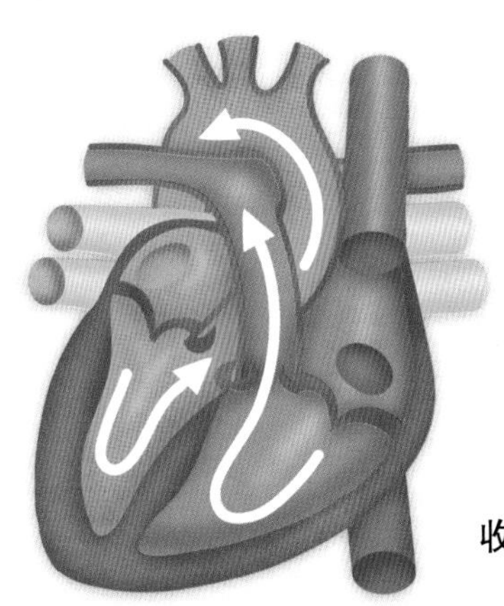

收缩

超厉害！

你可能不知道我们的心脏动力有多强大，据研究报道，每天从心脏产生的动力足以将一辆汽车移动30多千米！

我们的心脏一年可以跳动3000万次以上。

动脉和静脉

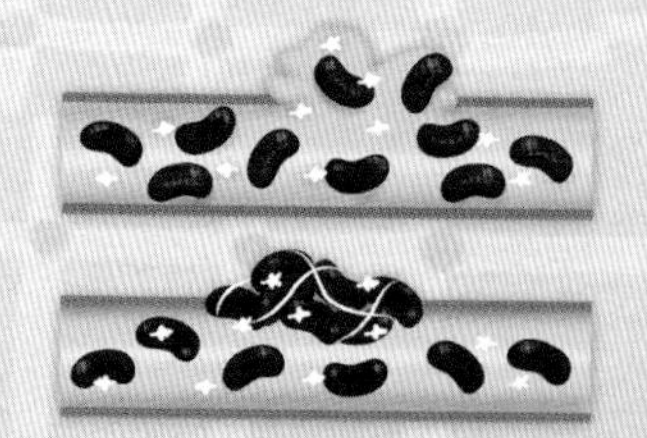

动脉负责把富含氧气的血液从心脏带出，流向身体各处。动脉壁很厚、很强韧，完全能够承受心脏跳动所产生的血压。静脉负责把乏氧血液送回心脏，这是身体循环系统的另一个重要部分。静脉壁比动脉壁薄，所以能够承受的压力相对较低，并且静脉血管中有阻止血液回流的瓣膜。

人体图说

心脏动脉组织结构

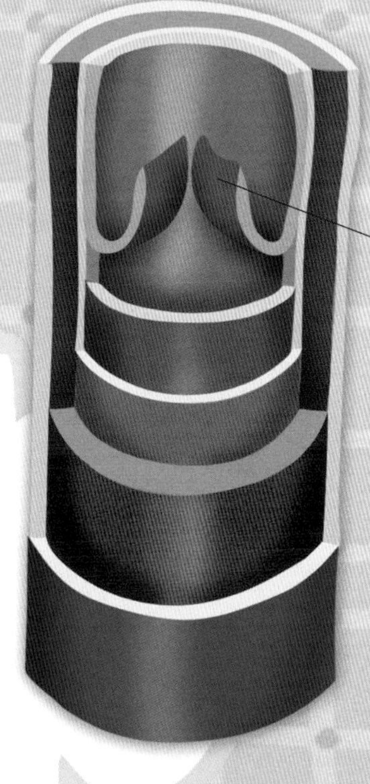

心脏静脉组织结构

瓣膜

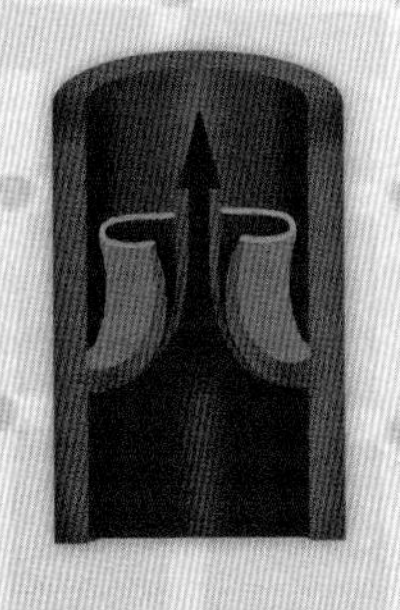
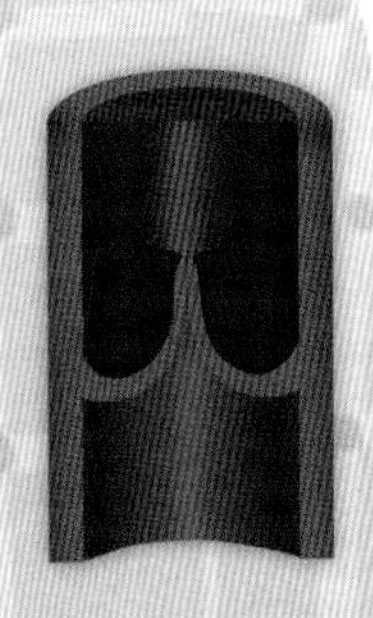

心脏瓣膜是控制血液到达心脏不同部位的通道。当它打开时，血液可以通过瓣膜到达心脏其他部位；当它关闭时，血液也被阻止回流。

血液是怎样在全身流动的?

动脉、静脉和毛细血管共同构成了庞大的血液流通管道。首先从心脏流出的富氧血液通过动脉到达身体各个组织和器官（动脉分为许多小动脉），然后进入庞大的毛细血管网络。流经毛细血管的血液在给全身各个部位的细胞供氧后，小静脉与中型静脉依次接收从毛细血管回流的乏氧血液，并最终通过大静脉返回心脏。

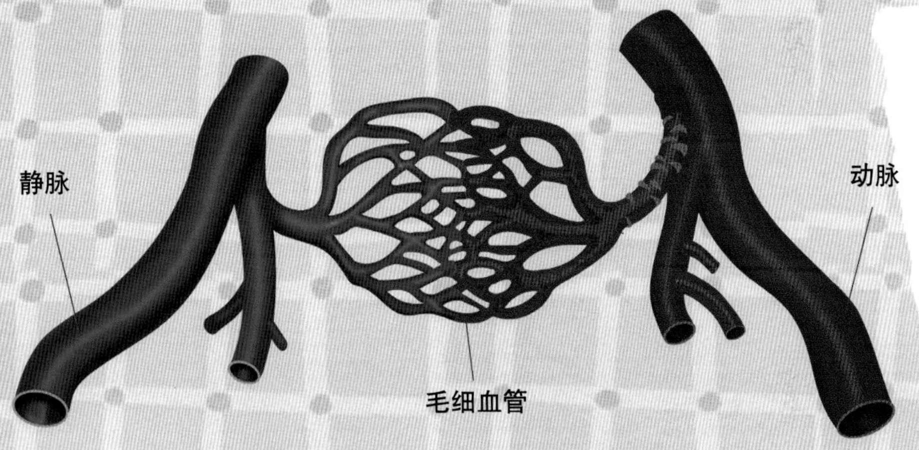

血流方向：动脉 ⟶ 毛细血管 ⟶ 静脉

你知道吗？

当你睡觉时，身体会变得非常松弛，但你的心脏仍在不停地跳动，不过，速度要比你醒着的时候慢，大约每分钟跳动 52 次，可是如果你做梦的话，心跳又会加快。

大多数人每分钟的心跳次数为 70~80 次，按 100 岁估算，人的一生中心脏大约要跳 25 亿 ~30 亿次!

肺和呼吸

呼吸对我们来说，是一件非常自然甚至感觉不到的事，但我们一刻也离不开呼吸。呼吸主要由两个肺和呼吸道共同组成，呼吸道是一条供空气进出身体的通道。呼吸系统的作用是确保氧气能够不间断地供应给身体。

人体图说

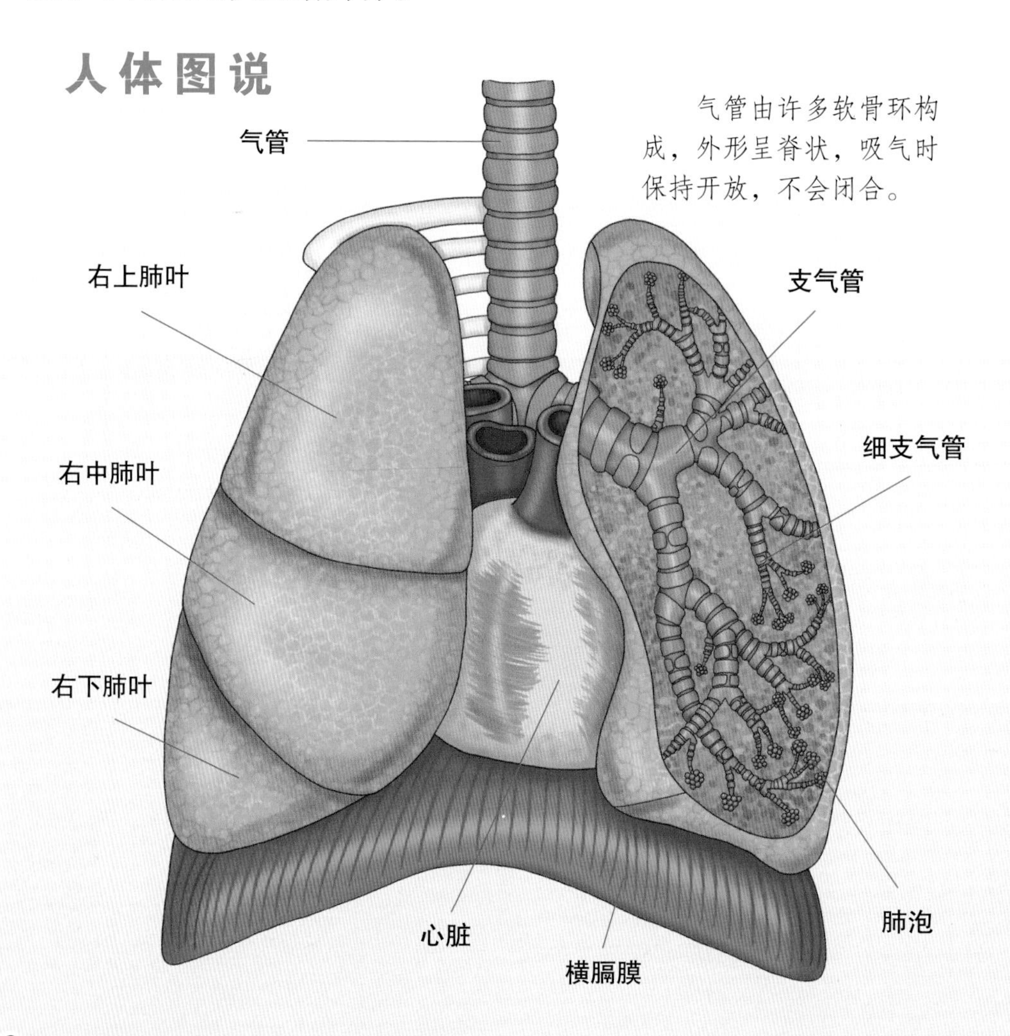

肺泡

肺泡是微小的空心球体，壁很薄，被来自肺动脉和肺静脉的毛细血管所包裹着。这种特殊的构造有利于吸入的氧气迅速穿过肺泡壁进入血液，而废弃的二氧化碳则迅速地由血液进入肺泡，然后被排出体外。

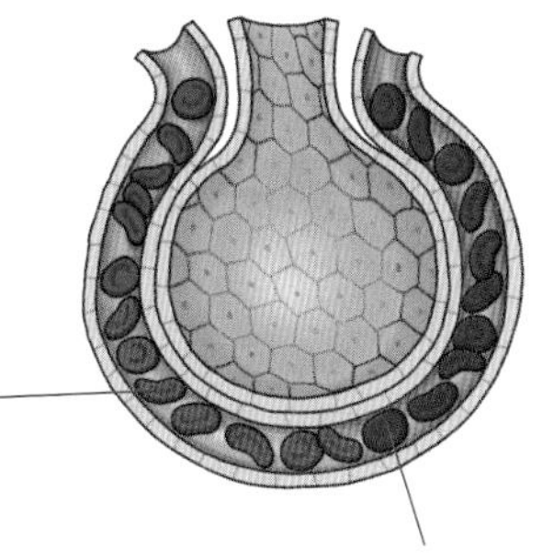

呼吸系统

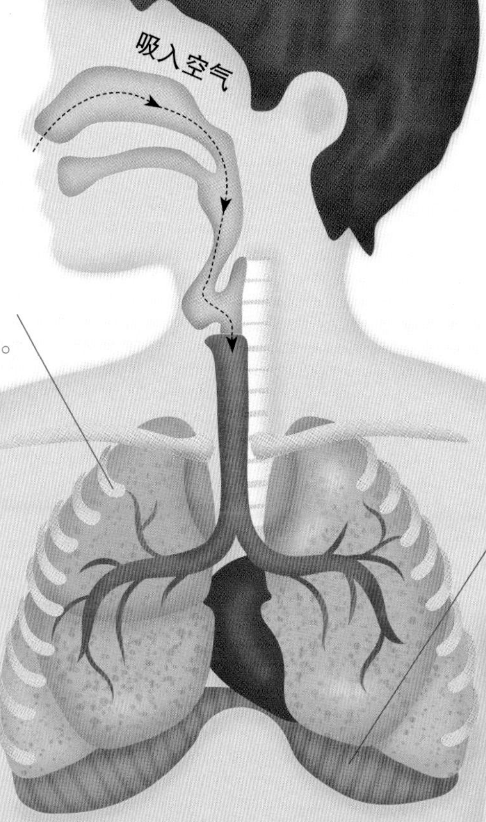

双肺看起来好像有许多小孔的两个巨大海绵。每个肺都由光滑的胸膜包裹着，以便在呼吸时起到润滑作用。肺部有着大量肺泡，氧气可以通过肺泡进入血液。

弯曲的肋骨围绕着肺脏，形成笼状结构的保护组织。

气管内壁覆盖着黏液，能粘住吸入空气中的颗粒物和致病微生物。

横膈膜是重要的呼吸肌。它收缩时可以使胸腔扩张，有利于氧气进入肺泡，膨胀时又可以使胸腔收缩，有利于二氧化碳的排出。

胃和消化系统

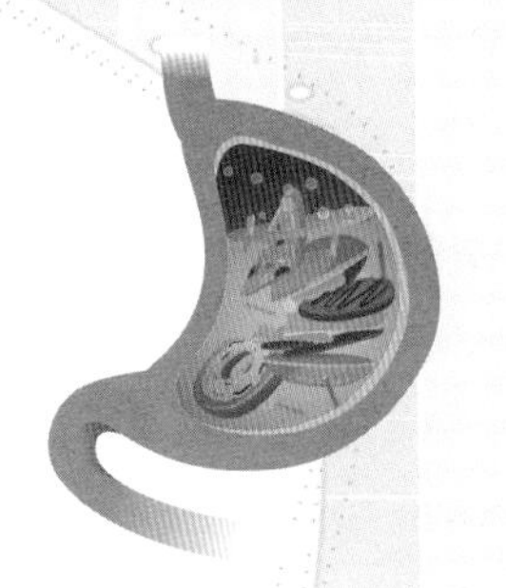

胃是一个储存部分消化食物的肌肉“袋”，它不仅能分泌酸性胃液，以便分解食物中的蛋白质，还能将储存的食物以稳定的速度送入小肠，以便进行充分消化。消化系统是一条长长的肌肉质管状结构，被称为消化道，上端是口，下端是肛门。消化道分为几个部分，包括食管、胃、小肠、大肠，它们各有分工。

人体图说

食物在进入肠道之前，会在胃中停留3～5小时。胃通过胃壁的蠕动，将食物与胃产生的胃酸混合在一起，变成奶酪状的液体，称为食糜。

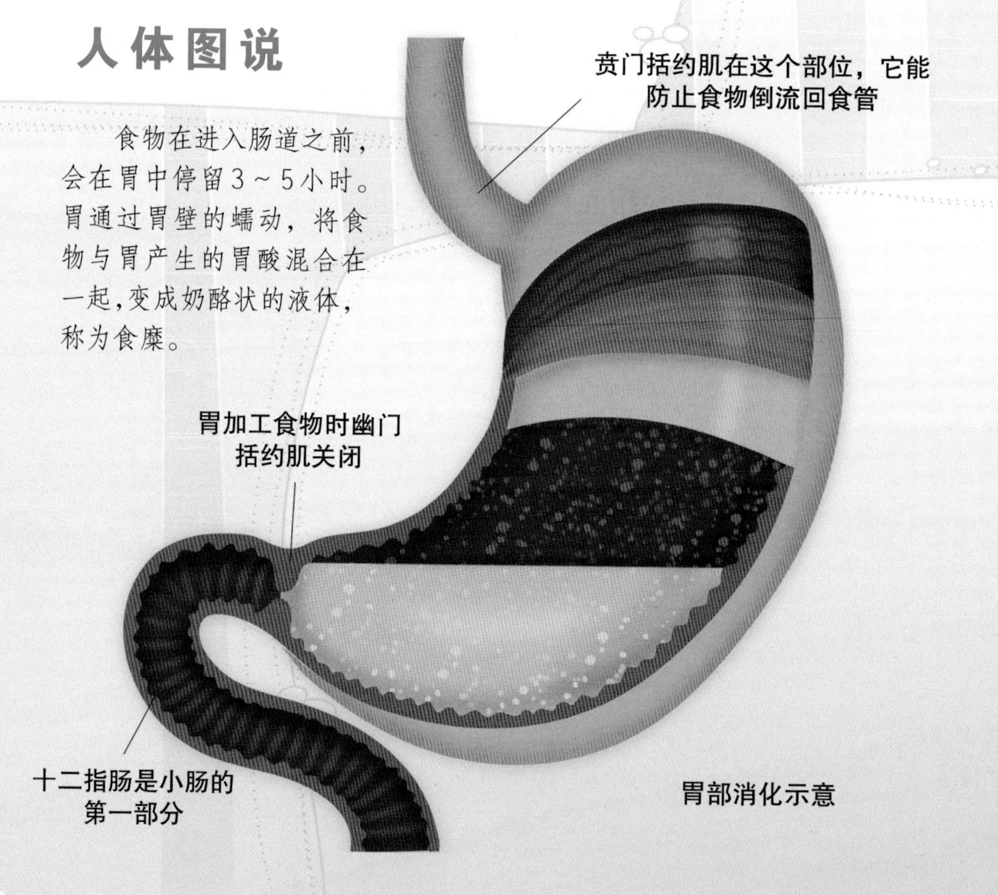

胃部消化示意

食物的漫长旅程

肝脏以代谢功能为主，它能够过滤血液，除去血液中的有毒物质，此外，肝脏还能分泌消化脂肪所需要的胆汁。

肝脏左侧是胰腺，它能分泌胰液，胰液富含消化酶，能够分解小肠内的胆固醇、蛋白质和脂肪，这对食物的消化至关重要。

大肠在消化道下段，它是消化系统的重要组成部分。食物在大肠内要经历一个漫长的消化过程。经过大肠消化后，所有剩余的食物残渣都会从体内排出。

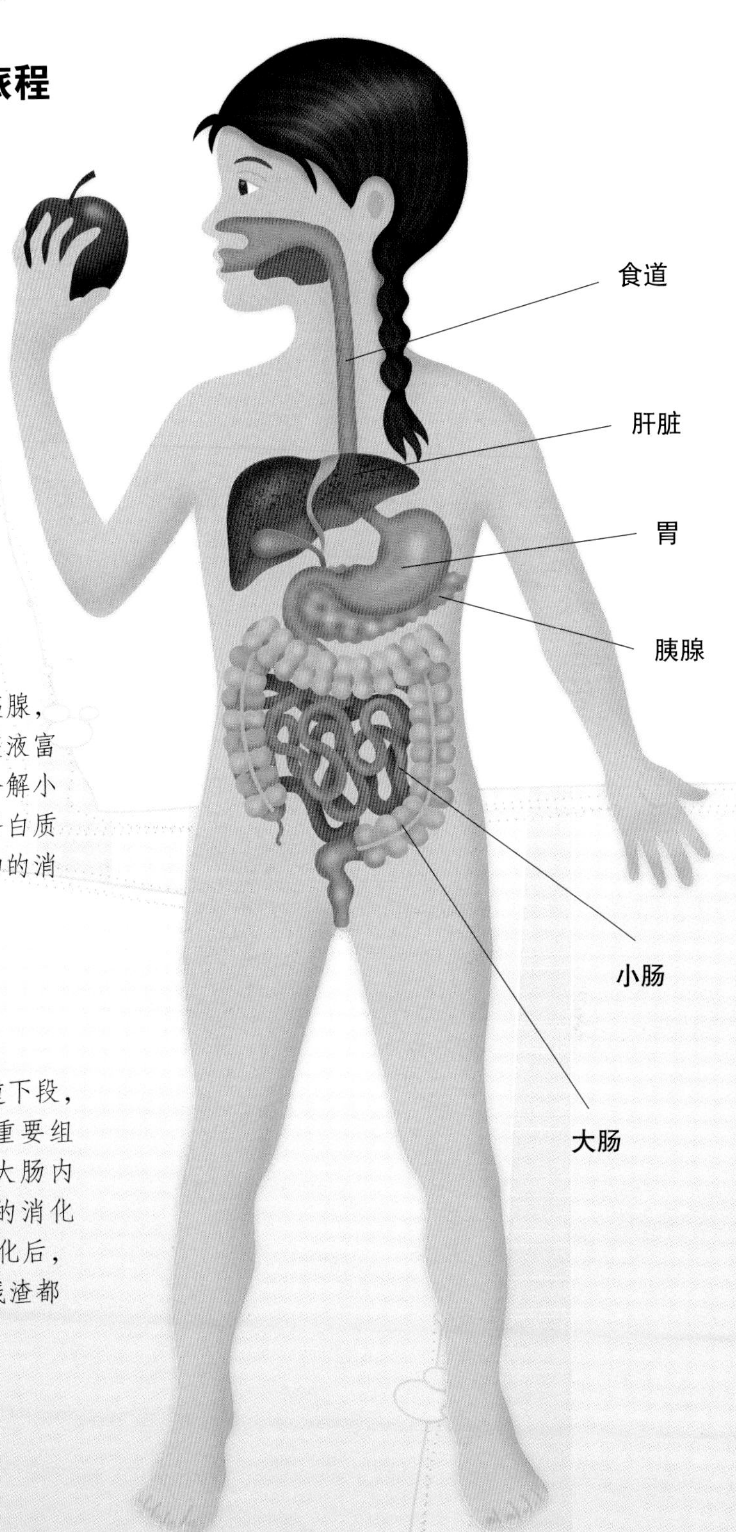

口腔和牙齿

食物进入消化系统是从口腔开始的，口腔的任务是咀嚼食物并将其与唾液相混合，从而使食物变成食团进入食道。在吞咽时，呼吸会暂停，以防食物颗粒进入气管。牙齿的作用是把食物嚼成容易吞咽的碎块，而唾液则帮助湿润食物，然后通过舌头将其搅拌成食团并推入喉咙。

人体图说

成年人有32颗各司其职的牙齿。首先门齿负责把食物切成小块，犬齿咬断最坚硬的部分，然后前臼齿开始咀嚼，最后由臼齿完成整个咬碎过程。

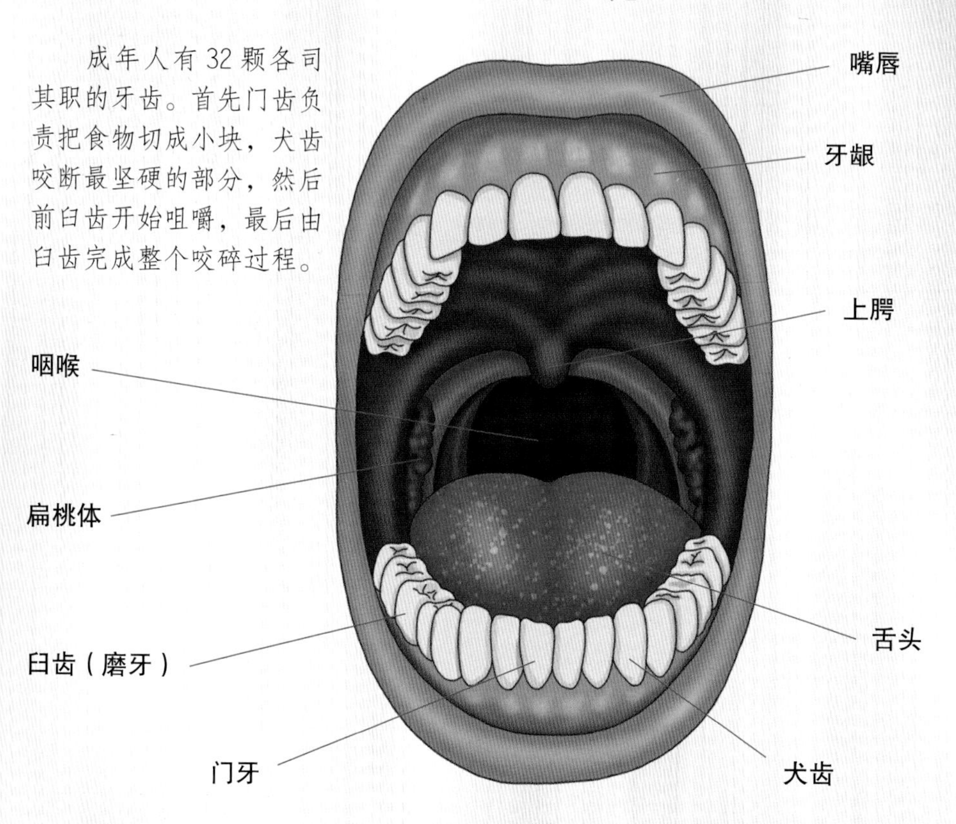

牙齿可分为两层：上面可见的部分叫作牙冠，下面隐藏在颌骨骨窝的部分叫作牙根（由牙本质构成）。牙冠由牙釉质构成，牙釉质是一种坚硬、有抵抗力的物质，它可以保护底层的牙本质。牙本质内部是牙髓，它是柔软的组织，富含神经和血管。

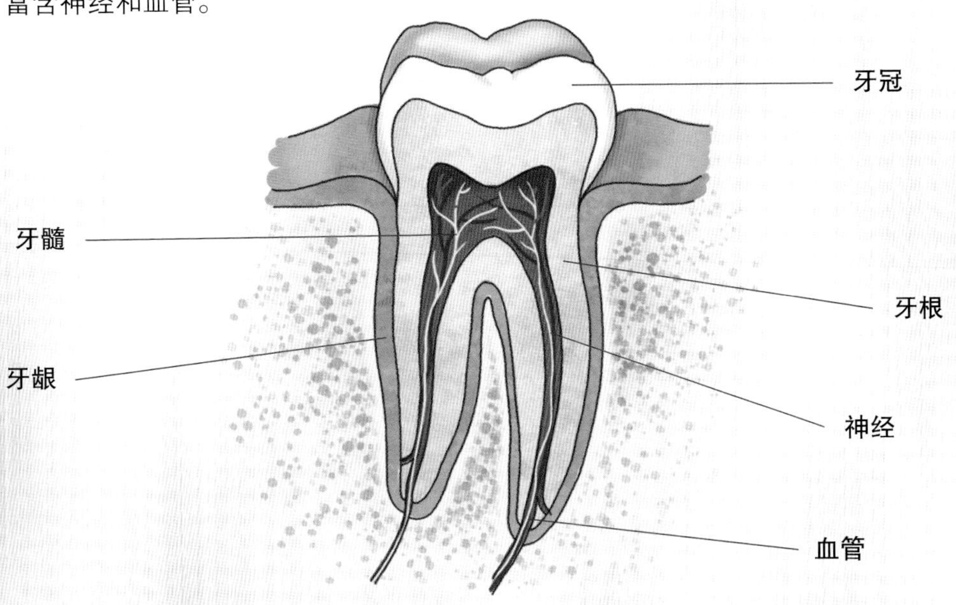

蛀牙

糖是导致蛀牙形成的主要原因之一。因为细菌非常喜欢糖，吃太多含糖食物会使细菌增多。所以，每次饭后刷牙是一件很重要的事！

你知道吗？

口腔里有很多细菌，它们聚集在牙齿上，日夜不停地腐蚀着牙釉质，时间一长，就会在牙釉质上蚀出孔洞。一旦穿透这个保护层，它们就能轻易到达牙本质，然后感染整颗牙齿。

我们要多吃水果、蔬菜、谷类、豆类、奶类、蛋类等健康食物，不要多吃含糖和脂肪高的食物，如蛋糕、薯片、油炸食物等。

肝脏

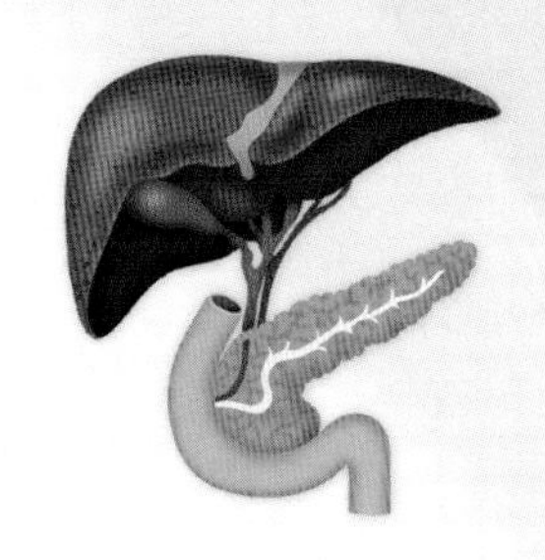

肝脏是我们身体中最大的内脏器官，它是人体的化工厂，有将近500个不同的功能，它可以加工、储存和制造许多物质。比如，肝脏不仅能储存、释放富含能量的葡萄糖，还能加工脂肪和氨基酸，储存维生素和矿物质，分解毒素，分泌可分解脂肪的胆汁。

人体图说

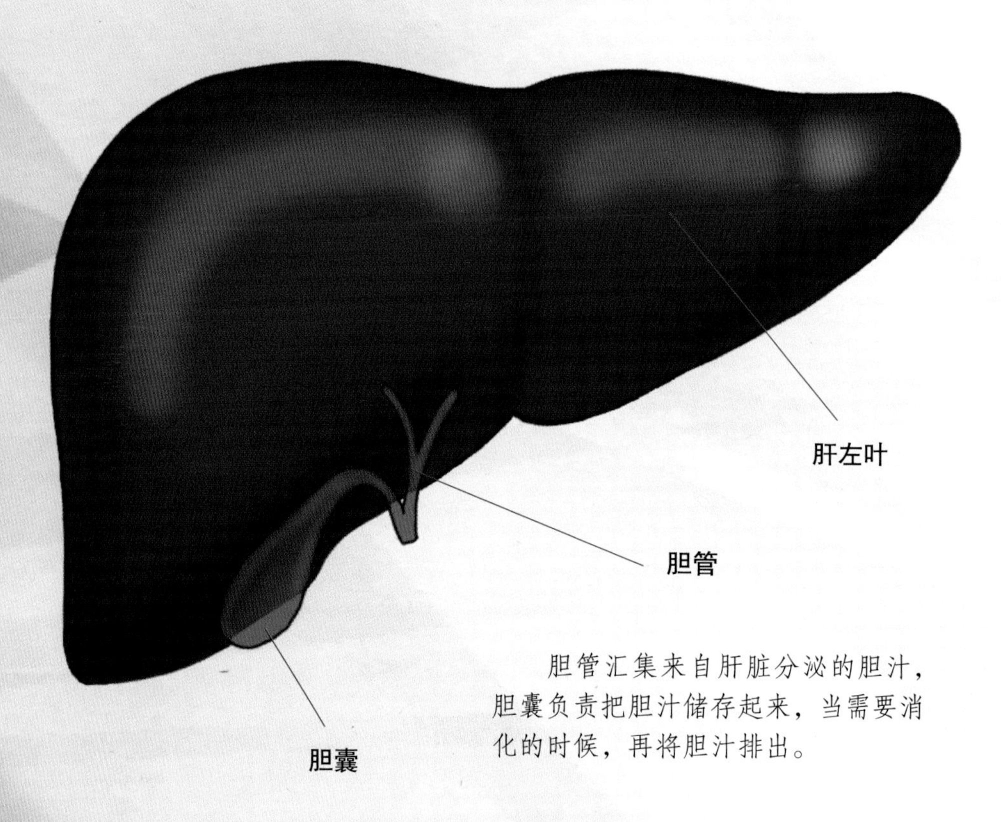

胆管汇集来自肝脏分泌的胆汁，胆囊负责把胆汁储存起来，当需要消化的时候，再将胆汁排出。

肝小叶

肝脏由大约 100 万个肝小叶构成。肝小叶非常小，只有芝麻粒那么大，呈六角柱形，在六角柱的每一个角处都排列着三条管道，两条是动脉和静脉；另一条是胆管，用来收集肝脏分泌的胆汁。

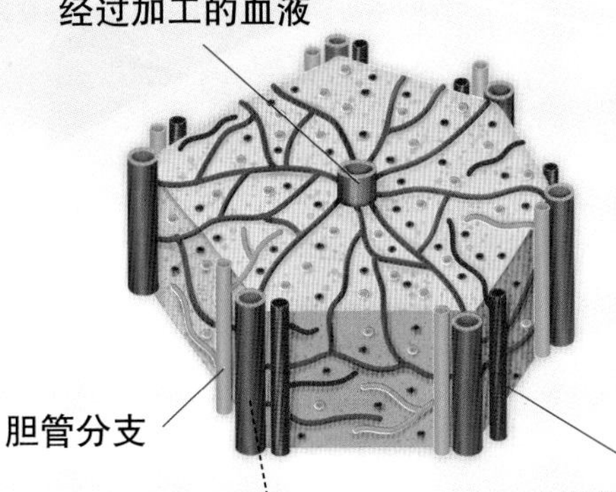

肝小叶里的肝细胞能够完成上百种工作，包括储存葡萄糖，制造蛋白质，清除血液中的毒素等。

肝脏每分钟可以接收 1.5 升血液。为了帮助身体消化摄入的脂肪，肝脏每天要分泌大约 1 升胆汁。

肝脏还能释放热量，帮助我们保持体温。

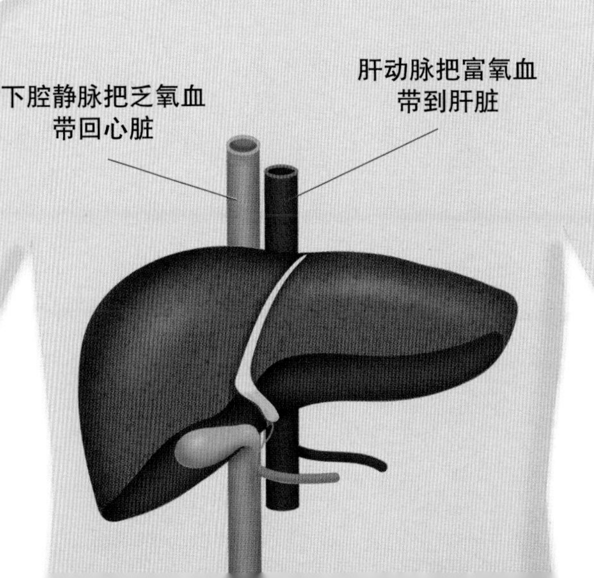

肾脏

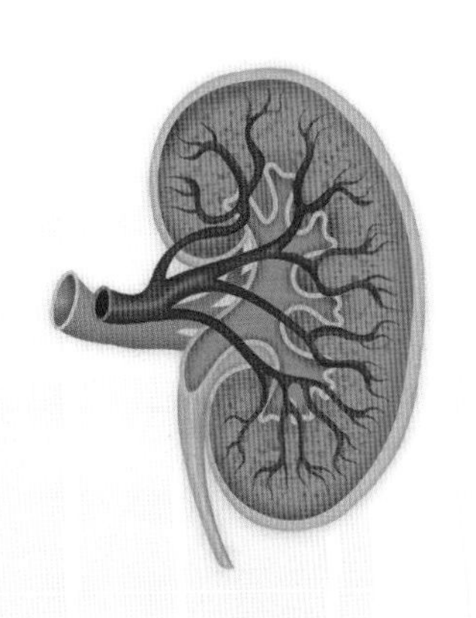

肾脏由肾小体和肾小管组成，担负着净化全身血液的重要使命。两个肾脏将血液中多余的水、盐分和有毒废物排出；将被净化的血液输送到血液循环中。排出的液体状废物称为尿，被输送到膀胱，通过尿道排出体外。

人体图说

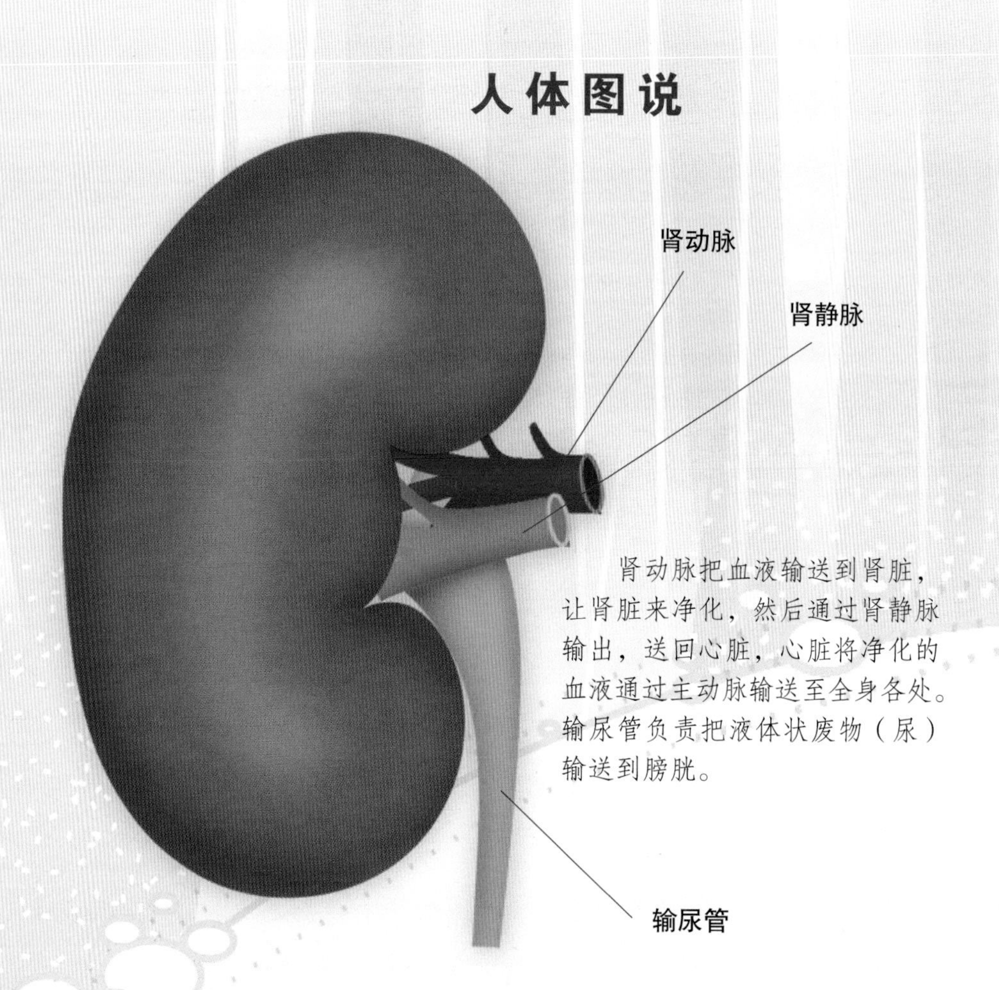

肾动脉把血液输送到肾脏，让肾脏来净化，然后通过肾静脉输出，送回心脏，心脏将净化的血液通过主动脉输送至全身各处。输尿管负责把液体状废物（尿）输送到膀胱。

泌尿系统

大脑中有个部分叫作下丘脑，它的任务是检查血液中是否有足够的水分。如果血液中水分含量过低，下丘脑就会发起口渴的信号，于是你就会想喝水。

在经历了长时间的消化后，食物会进入肠道的最后一部分——大肠。在这里，小肠消化不了的含很多水分的物质会被大肠再次消化吸收。最后，剩余的半固体物质变成粪便，在排出身体之前被收集在最末端的直肠中。

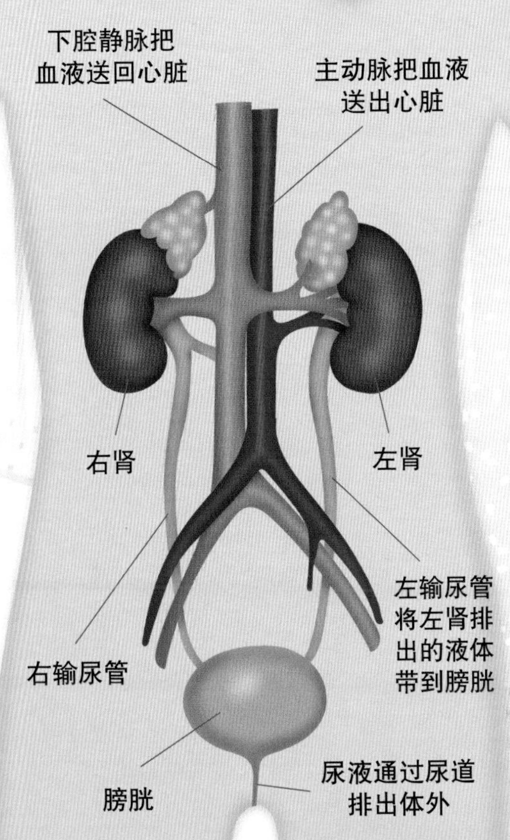

大脑

人脑既是身体的控制中心，又是人体最复杂的器官。它最大、最重要的部分是大脑，其表面分布着很多神经元。除了大脑，脑后部还有小脑和脊髓，它们是脑部的另外两个部分。

人体图说

大脑表面有三层薄膜，把大脑紧紧包裹起来。最外层叫硬脑膜，它是一层附着于颅骨内表面坚韧的结缔组织膜。在硬脑膜下面有一层被称为蛛网膜的半透明的膜，它的功能是保护大脑中的血管。紧贴脑表面的是软脑膜，它负责为大脑提供营养。

胼胝体是连接两个大脑半球的神经纤维束。

下丘脑控制着饥饿、口渴和体温，以便使身体保持和谐。

脑垂体是一个卵圆形小腺体，是人体最重要的内分泌腺。脑垂体产生的激素对代谢、生长、发育和生殖有调节作用。

脑干维持心跳、呼吸、消化等一系列生理功能。

小脑中包含着一束束复杂的神经纤维，负责发送和接收信号，以便调节身体运动，维持身体平衡。

大脑只占全身重量的 2%，但消耗的能量却占身体的 20%。根据科学家研究，大脑大约有 1000 亿个神经元。

大脑有一个神奇的功能——记忆。借助这一功能，我们能够记录并保存大量信息，从而进行书写、学习和工作。

左脑和右脑

左脑专门管理语言的处理和语法的表达，具有语言、逻辑思维功能，并且能够控制身体右侧的行动。

右脑具有直观形象思维功能，负责掌握空间技巧，如对三维形状的感知、空间定位、音乐欣赏等，同时负责协调身体左侧的行动。

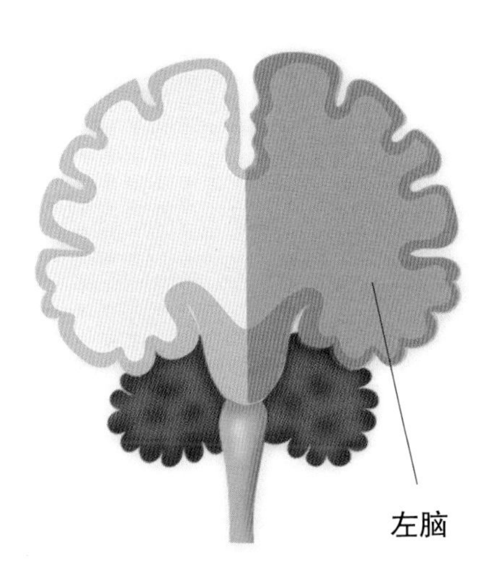

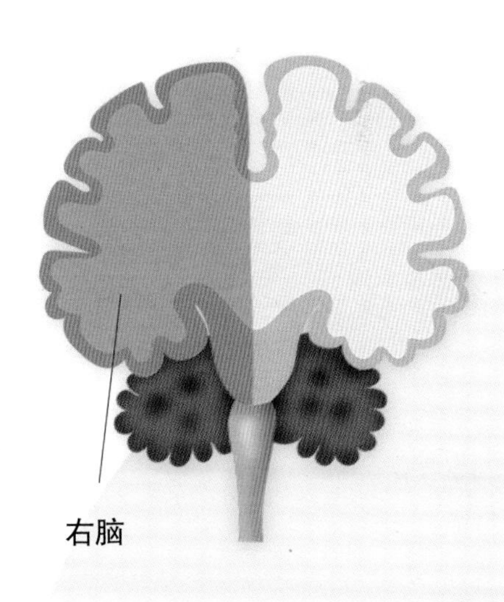

大脑功能

大脑表面布满褶皱，由一层薄薄的叫作灰质或大脑皮质的神经构成。大脑皮质非常重要，我们的思考、记忆、感觉、听、看、想象都依赖于它，还有我们的身体活动也被它控制着。

运动区域

该区域通过向肌肉发送信号来控制身体的运动。因为这一区的肌肉是与骨骼相连的。

思维、想象区域

在大脑额叶区，主要负责控制我们的学习能力和对问题的理解。

语言区域

在额叶区再往后一点，是控制言语功能的区域。

味觉区域

味觉区域使我们能够通过区分甜味、苦味、酸味、咸味，来识别我们正在吃的食物。

脑部区域

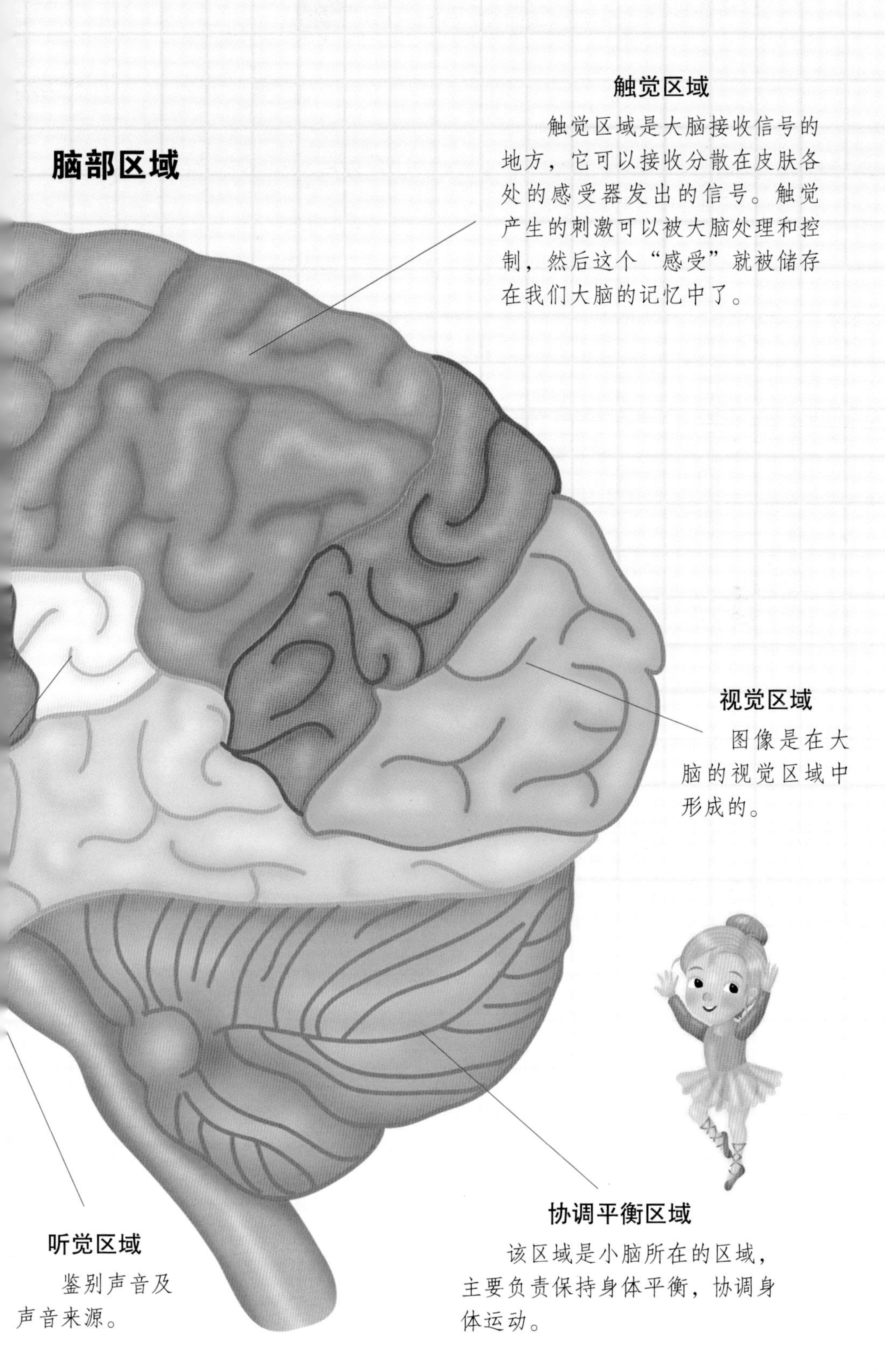
触觉区域
触觉区域是大脑接收信号的地方，它可以接收分散在皮肤各处的感受器发出的信号。触觉产生的刺激可以被大脑处理和控制，然后这个“感受”就被储存在我们大脑的记忆中了。
视觉区域
图像是在大脑的视觉区域中形成的。
听觉区域
鉴别声音及声音来源。
协调平衡区域
该区域是小脑所在的区域，主要负责保持身体平衡，协调身体运动。

神经系统

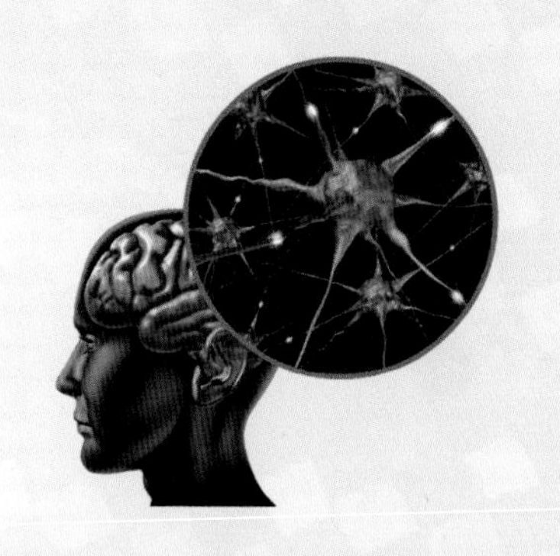

神经系统是由上千亿个被称为神经元的细胞网络组成的，它控制着身体的器官和肌肉。神经元彼此之间紧密相接，将来自大脑的电信号像光一样迅速传输到身体各处，使身体快速做出反应，来保护生命安全和开展一系列的活动。

人体图说

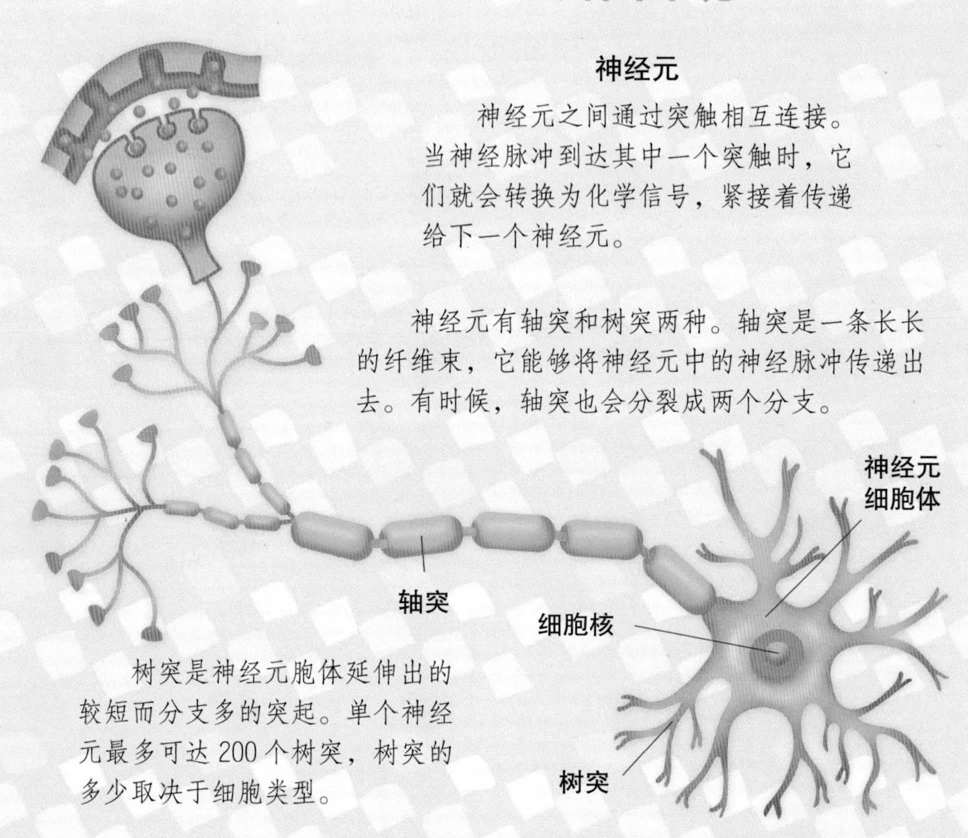

神经元

神经元之间通过突触相互连接。当神经脉冲到达其中一个突触时，它们就会转换为化学信号，紧接着传递给下一个神经元。

神经元有轴突和树突两种。轴突是一条长长的纤维束，它能够将神经元中的神经脉冲传递出去。有时候，轴突也会分裂成两个分支。

树突是神经元胞体延伸出的较短而分支多的突起。单个神经元最多可达 200 个树突，树突的多少取决于细胞类型。

中枢神经系统

中枢神经系统由大脑和脊髓组成，它们接收来自身体各个部位的信号。经过大脑处理后，中枢神经向肌肉和各个器官发出指令，使身体的相应部位及时做出反应。

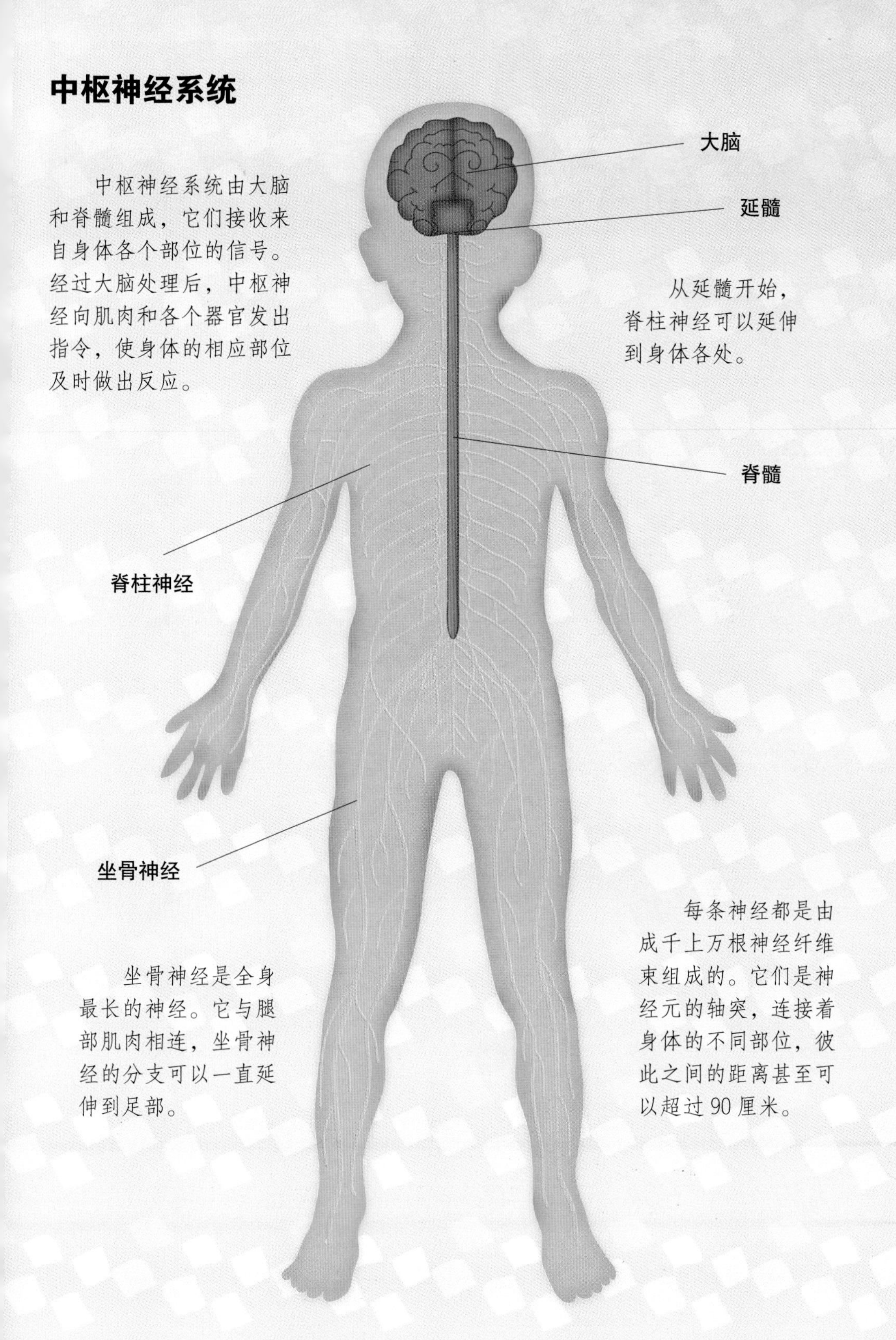

从延髓开始，脊柱神经可以延伸到身体各处。

坐骨神经是全身最长的神经。它与腿部肌肉相连，坐骨神经的分支可以一直延伸到足部。

每条神经都是由成千上万根神经纤维束组成的。它们是神经元的轴突，连接着身体的不同部位，彼此之间的距离甚至可以超过90厘米。

防御系统

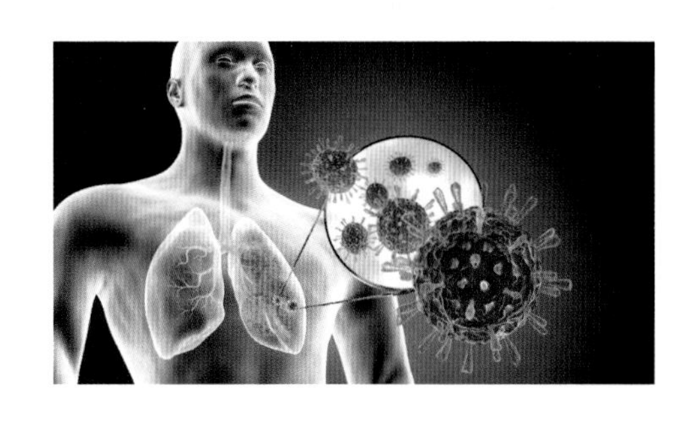

我们的身体不断受到致病微生物的威胁。皮肤是身体的第一道防线，如果“侵略者”突破了这道防线，那接下来将会受到由白细胞、淋巴细胞和免疫系统组成的强大防御系统的攻击。

人体图说

致病微生物

病毒

病毒是非常微小但对人体危害很大的危险病菌，它们能够侵入细胞。

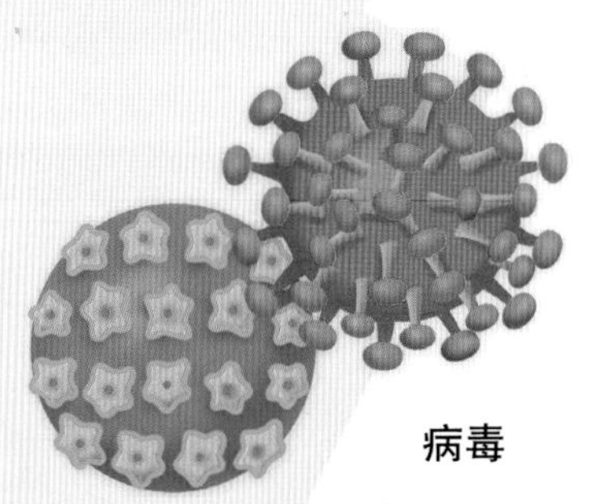

病毒

真菌

大部分真菌生活在泥土或腐烂的物质中，但少数真菌会在皮肤中生长繁殖，进而使皮肤产生感染。

细菌

细菌是比病毒大很多倍的单细胞微生物。不是所有的细菌都对人体有害，很多细菌不但对人体无害，反而对人体健康有帮助。但也有一些细菌会引发疾病，如食物中毒、肠伤寒、鼠疫等。

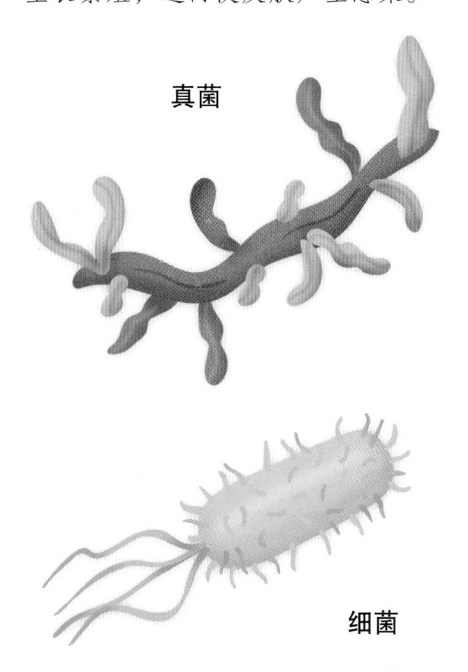

白细胞

白细胞又被称为巨噬细胞，它们在人体中的数量高达 500 亿，是身体的后卫。白细胞很容易找到细菌，因为它们可以收到由抗体发出的信号，这样更方便白细胞包裹并摧毁细菌和病原体。

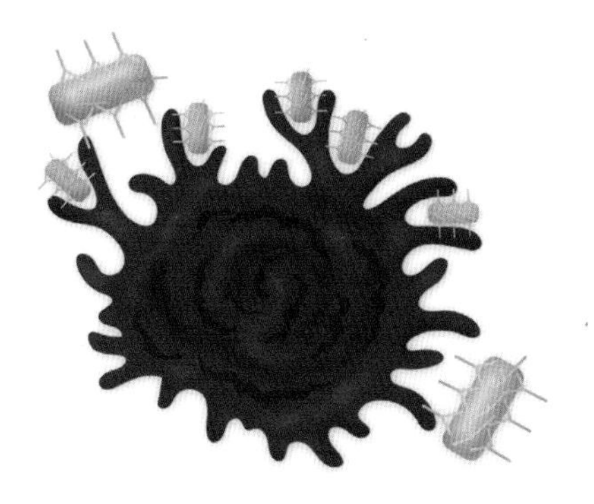

白细胞吞噬细菌

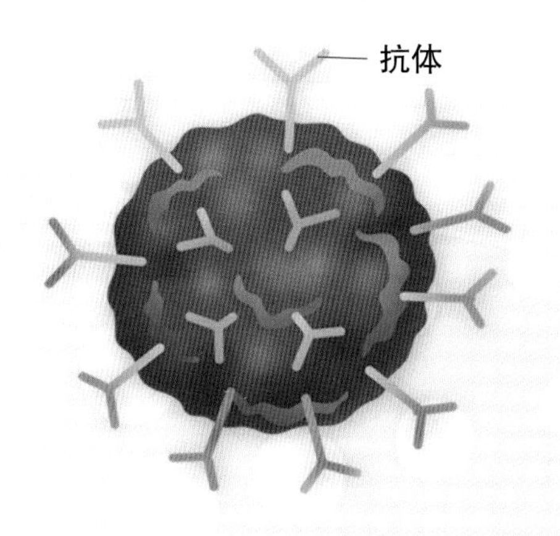

淋巴细胞是白细胞的一种，它们有多种攻击病菌的方式，有些淋巴细胞把自己黏附在病菌身上，用身上的毒素杀死病菌。还有一些淋巴细胞会分泌抗体，这些抗体能黏附到病菌身上，这样也能把其他类型的白细胞吸引过来。

当我们感觉不舒服时，有发烧症状出现，这就是我们的身体受到病毒或细菌攻击的信号。

身体的第一反应是提高温度，这是为了减缓外部“侵略者”的扩散，并且刺激我们的防御系统对“侵略者”做出迅速反击。

防疫小知识

疫苗的作用是刺激人体产生抗体，并使抗体在很长一段时间内能够保持活性。疫苗能让我们更有效、更迅速地保护自己，免受细菌和病毒的感染。

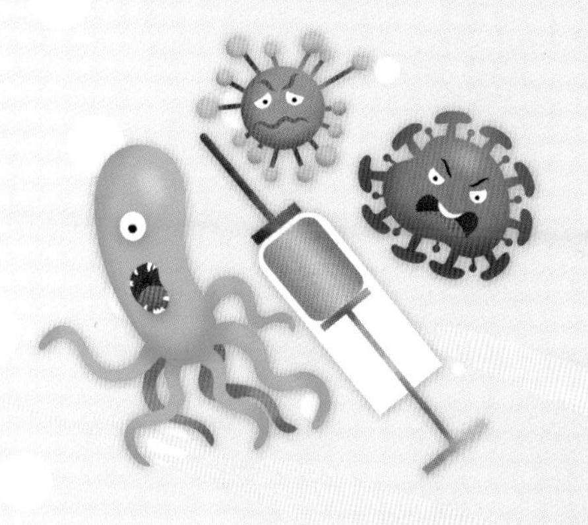

淋巴系统

淋巴系统是由淋巴管、淋巴组织和淋巴器官（如胸腺、骨髓、脾脏、扁桃体）组成的网状系统。淋巴系统从全身各个部位的组织中收集液体，将其中的致病微生物过滤出来，然后迅速将它们杀死。

人体图说

扁桃体是口腔的“哨兵”。如果扁桃体被感染，我们会感到肿胀和疼痛，同时身体也会收到信号，开始增加免疫细胞的繁殖。

胸腺可以使骨骼产生的干细胞转变成T淋巴细胞。T淋巴细胞只攻击致病微生物，而不攻击正常细胞。胸腺在儿童时期开始

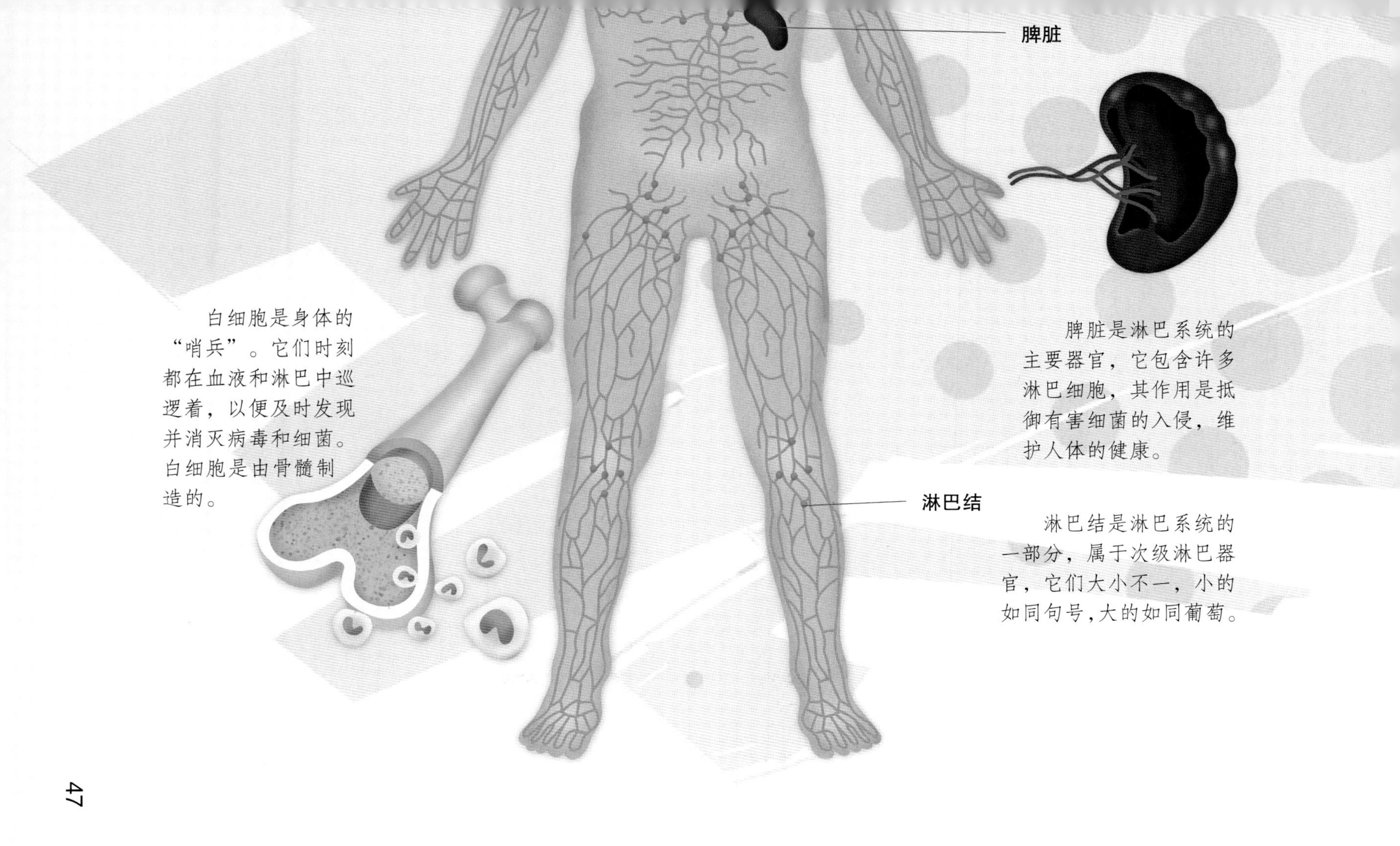

白细胞是身体的“哨兵”。它们时刻都在血液和淋巴中巡逻着，以便及时发现并消灭病毒和细菌。白细胞是由骨髓制造的。

脾脏是淋巴系统的主要器官，它包含许多淋巴细胞，其作用是抵御有害细菌的入侵，维护人体的健康。

淋巴结是淋巴系统的一部分，属于次级淋巴器官，它们大小不一，小的如同句号，大的如同葡萄。

皮肤

皮肤覆盖着整个身体，它是一道保护屏障，能使我们免受病菌的入侵和有害光线的照射，保持体温，防止身体干燥。

人体图说

皮肤颜色

人类的皮肤有不同的颜色，肤色主要取决于人体产生的黑色素的数量。黑色素含量越高，肤色就越深。黑色素可以保护人体免受阳光的伤害。这是热带国家和地区的人肤色黑的原因，这样可以更好地抵御紫外线对皮肤的伤害。

指(趾)甲

指(趾)甲可以用来保护手指和脚趾的末端。指(趾)甲的主要成分是角质蛋白，头发的主要成分也是角质蛋白。但由于指(趾)甲含有矿物质盐，质地更加坚硬。指(趾)甲底部有一个白色的月牙形状，这里是指(趾)甲生长发育的地方。指(趾)甲从皮肤中长出，每年会生长数厘米。

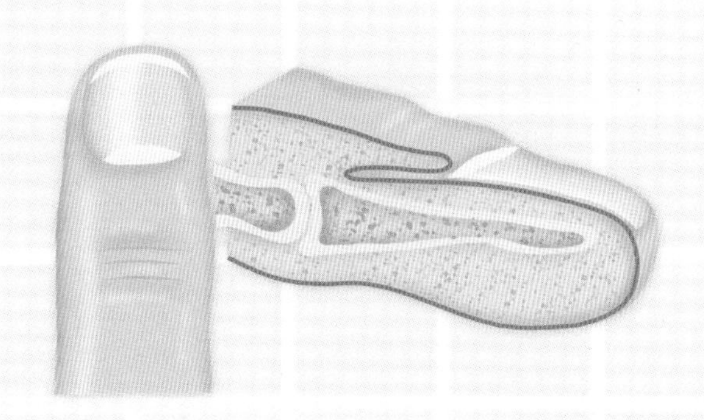

指纹

我们手指指尖上的皮肤表面有着天生的小圆形褶皱，有助于抓取物体。这些褶皱留下的印记叫作指纹，每个人的指纹都是独一无二的。

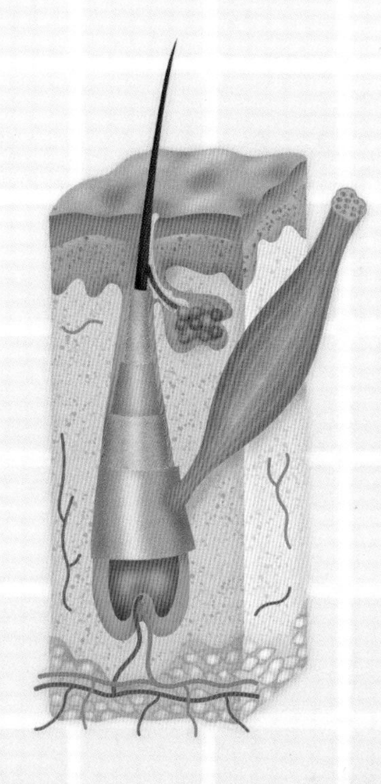

汗毛和头发

汗毛和头发几乎遍布周身，其作用是保温防寒、抵御病毒和细菌的入侵。人的头发超过 10 万根，旧头发在被新头发取代之前可以生长多年。汗毛和头发是由死亡细胞组成的，只有它们最里面的部分，即发根和毛囊有生命力。

你知道吗?

皮肤会随着岁月而变化。老年人看起来比儿童皱纹多，这是由于保持皮肤柔软和富有弹性的特定物质减少了。

触觉

皮肤是身体最大的感觉器官，它分为两层，最外层是表皮，虽然很薄，但特别坚韧。表皮层是身体的外部屏障，对人体起着保护作用；表皮层下面是真皮，它比表皮层要厚，有着丰富的触觉小体、毛囊和具有调节体温作用的汗腺。正是这些感受器能让我们感知疼痛和温度的变化。

人体图说

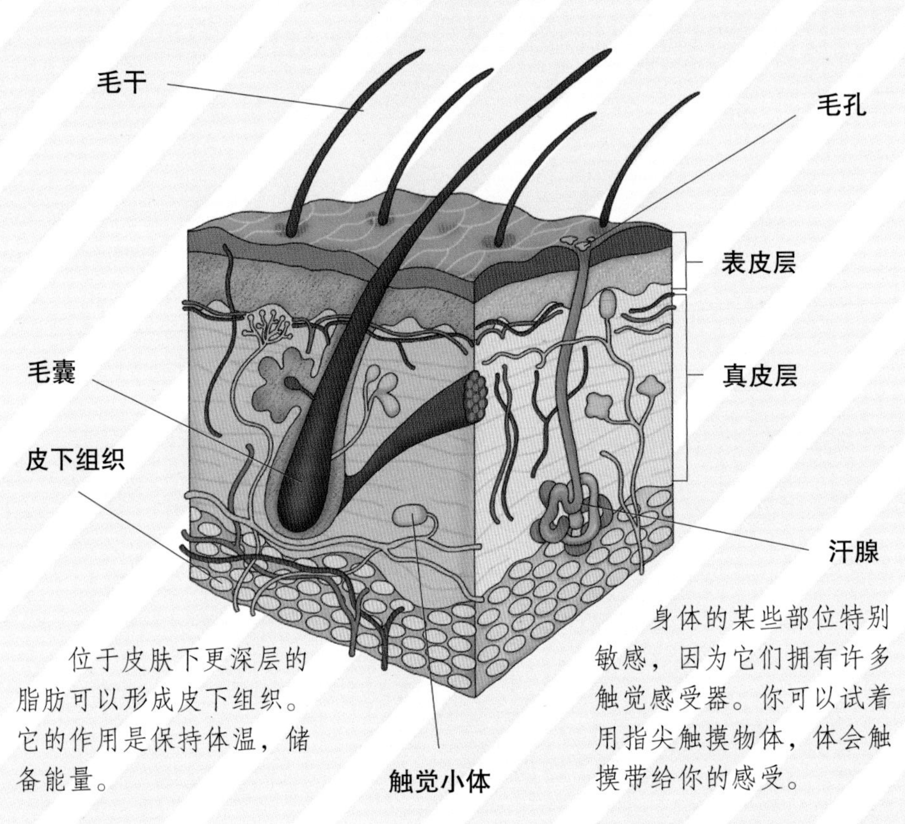

位于皮肤下更深层的脂肪可以形成皮下组织。它的作用是保持体温，储备能量。

身体的某些部位特别敏感，因为它们拥有许多触觉感受器。你可以试着用指尖触摸物体，体会触摸带给你的感受。

压力感受器

如果皮肤感受到压力，嵌入真皮层的大型触觉感受器会向我们发出警告。

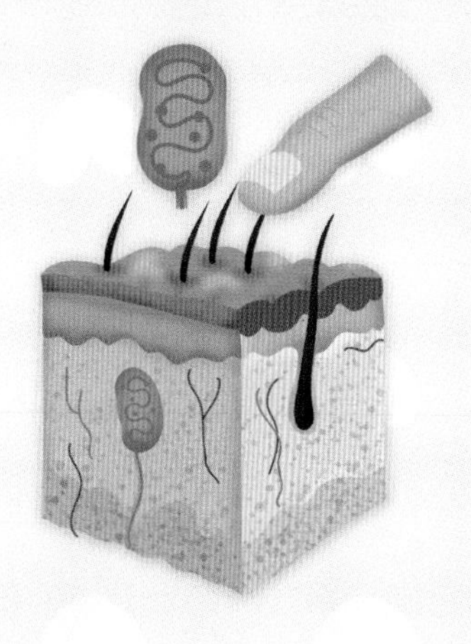

高温感受器

当我们接触到高温时，特殊的触觉感受器会向大脑发送“小心”的信号。

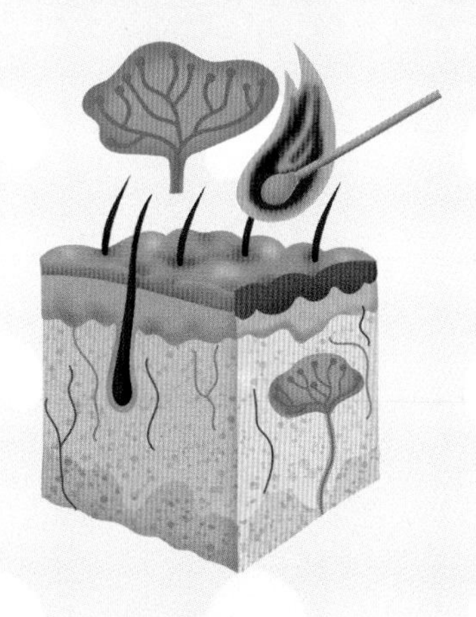

振动感受器

我们身体中最小的触觉感受器被称为“克劳泽终球”，它可以感知快速振动和冷寒。

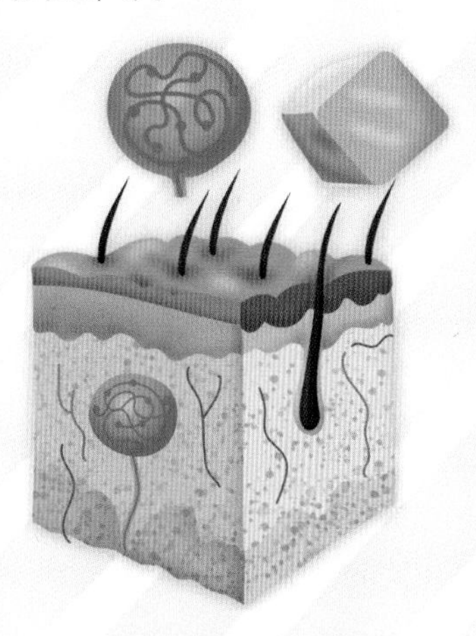

疼痛、冷热感受器

游离神经末梢对疼痛和冷热特别敏感，它们分散在各个器官的上皮或结缔组织中，皮肤最表层存在着大量的游离神经末梢。

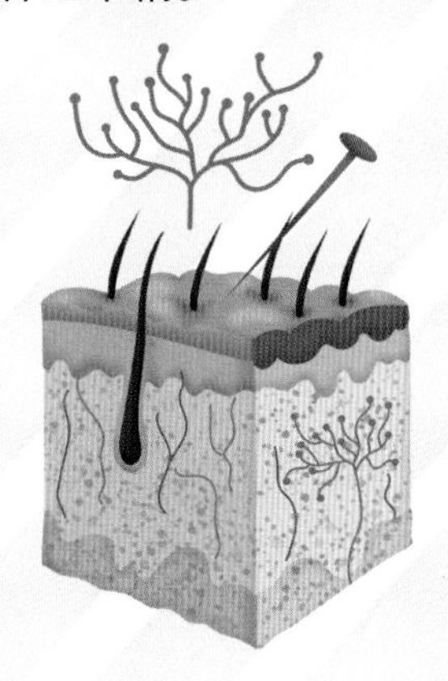

你知道吗？

我们每分钟会掉5000片皮屑，一生掉的皮屑多达20千克。

触觉最灵敏的是手和嘴唇，我们的胳膊和脚触觉并不是那么灵敏。

眼睛

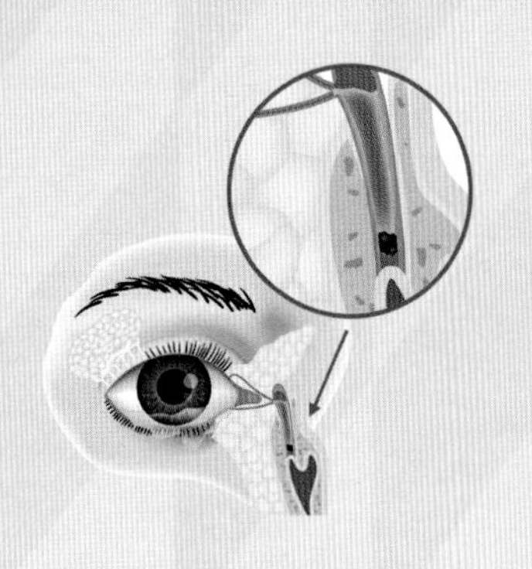

眼睛是视觉器官，当来自物体的光线射入眼睛时，会被角膜和晶状体所折射。光线穿过眼睛内部的结构，落在视网膜上成为一个倒像。这个信息被传送到大脑，大脑再将这个倒像正过来。视网膜含有两种感光细胞：视锥细胞与视杆细胞。视锥细胞专门感知强光和颜色，视杆细胞负责感知弱光。

人体图说

眼睛的重要任务是感知光线，并将其转换为神经脉冲，发送给大脑。为了让眼部可以自由活动，人的每只眼睛周围都有6块肌肉。

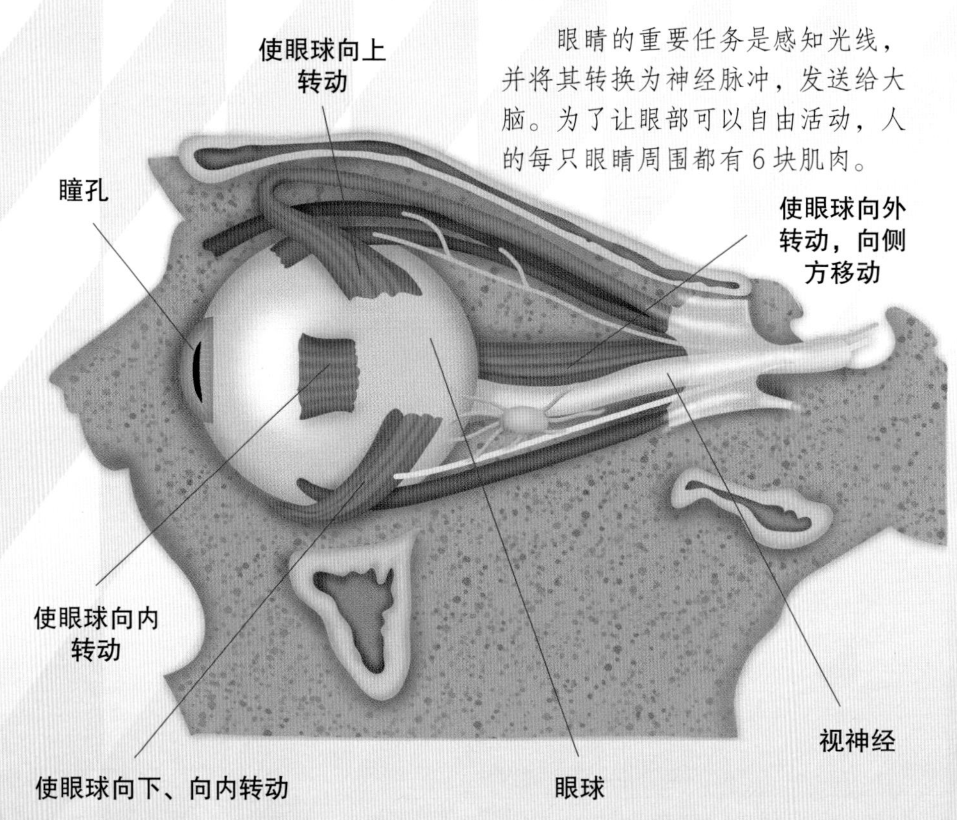

眼睛是怎样工作的?

当我们看东西时，一个倒置的图像会在视网膜上形成，经过大脑不同部分协同工作，我们对外部环境的概念就产生了。

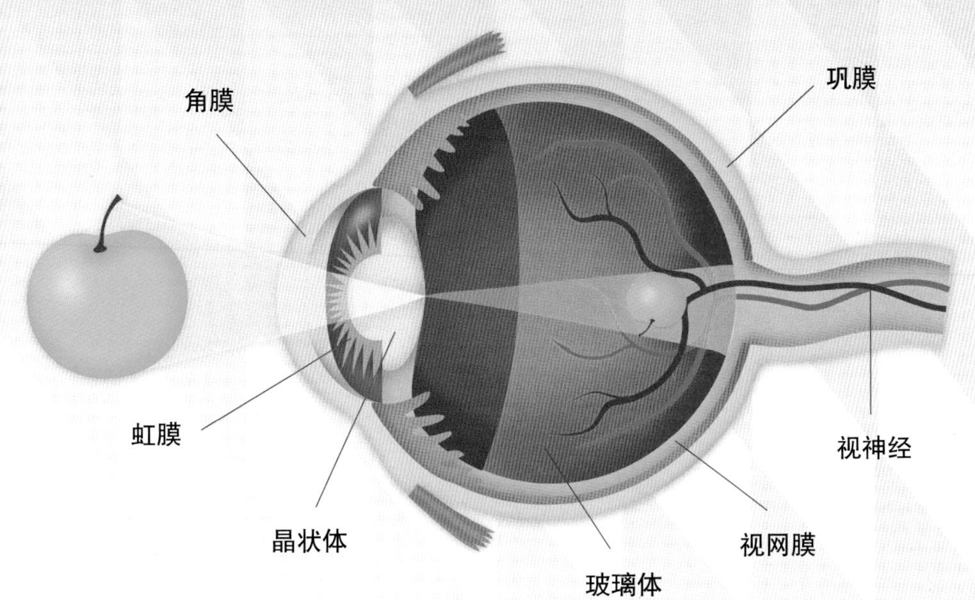

虹膜是有颜色的部分。虹膜内肌肉的收紧和放松既可以调整瞳孔的大小，又可以调节光线进入眼睛的强度。

光线通过角膜和晶状体到达视网膜，然后穿过视网膜到达感光细胞。感光细胞分为视杆细胞和视锥细胞。视杆细胞负责昏暗光线下视物；视锥细胞负责感受色彩和强光。

真奇妙！

眼泪具有清洁眼睛、保持眼睛内部湿润的作用。通过眼皮运动，眼泪可以均匀地分布在眼球表面。

视神经将信号从视网膜传递给大脑，然后这些信号会在大脑中再转化为图像。

耳朵

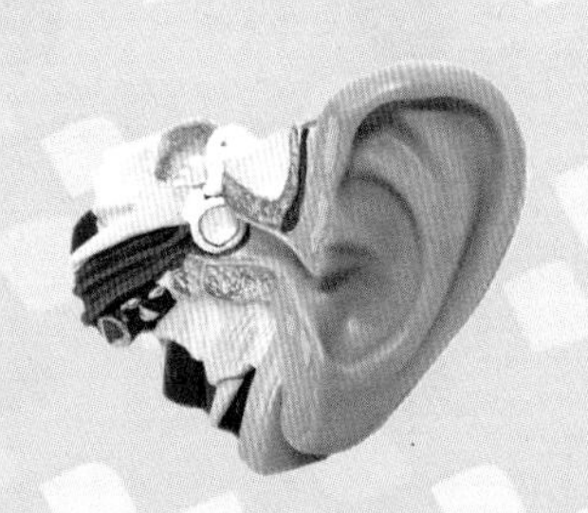

耳朵通过空气的振动来接收声波，声波先被耳郭收集，通过耳道向里传送。声波传导到耳膜，引起耳膜振动，再传到听骨。听骨推拉着内耳进口处的前庭窗，使耳蜗里的外淋巴也产生振动。耳蜗里有毛细胞，细胞上的纤毛受到刺激，会把振动转变为电信号，送入大脑。

人体图说

半规管是三个中空的充满内淋巴的环状结构，相互呈 90° 角，它们是身体的平衡器官。

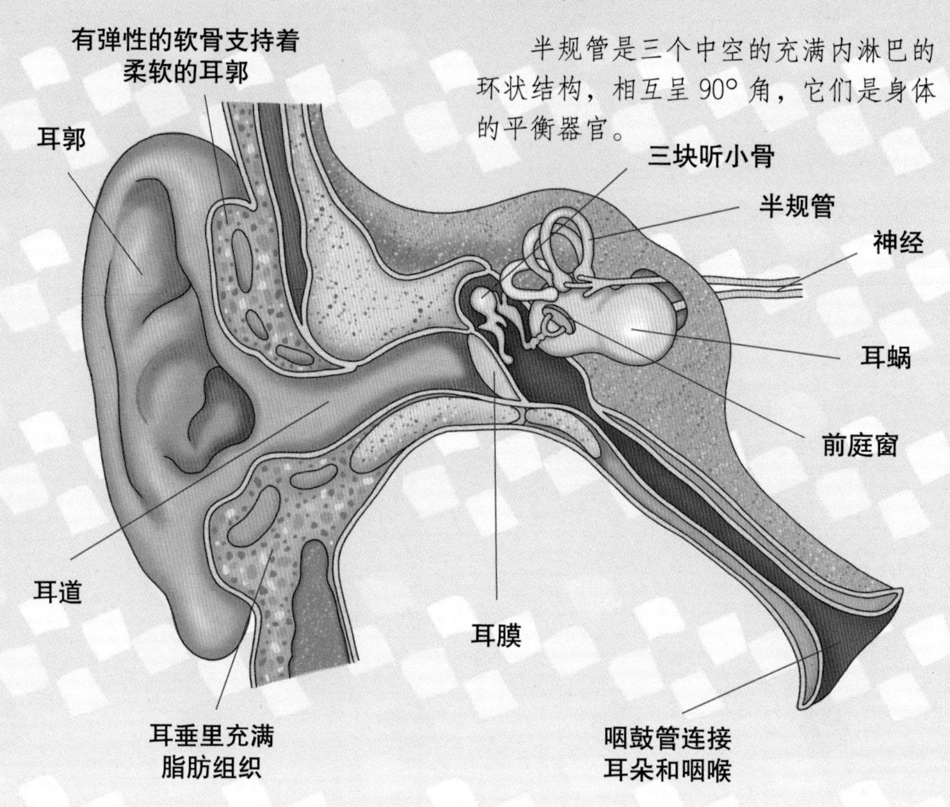

耳蜗

耳蜗的入口是一层像皮肤一样的薄膜，叫作前庭窗。耳蜗的管道分为三个腔，里面充满了液体。位于耳蜗中间的管道里还含有能检测声音的毛细胞，这些毛细胞能感受到传进来的振动。

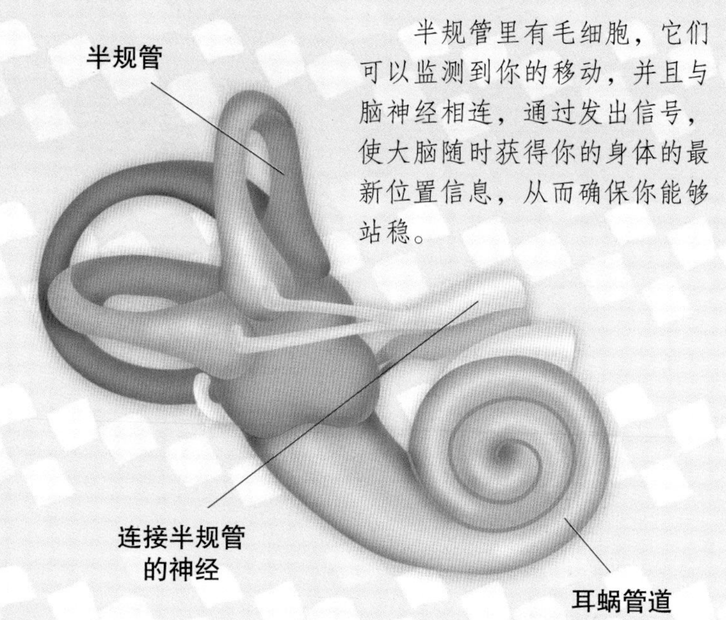

半规管里有毛细胞，它们可以监测到你的移动，并且与脑神经相连，通过发出信号，使大脑随时获得你的身体的最新位置信息，从而确保你能够站稳。

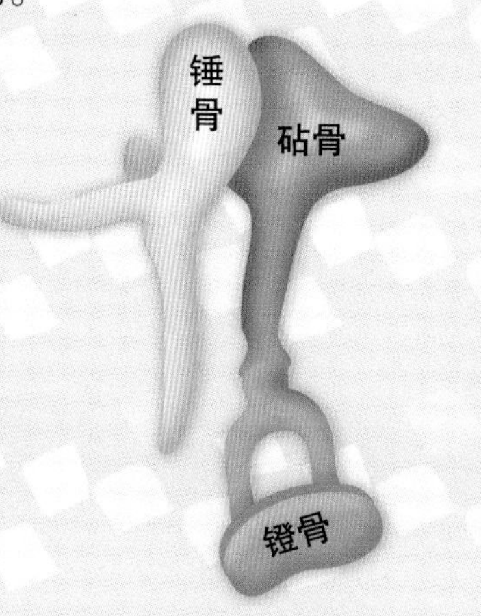

锤骨、砧骨和镫骨

锤骨、砧骨和镫骨共同组成了一条听骨链，其中镫骨是人体最小的骨骼。听骨链可以将鼓膜和耳朵内部结构连接起来。锤骨、砧骨和镫骨负责传输和放大由鼓膜接收到的声波，并把声波传入耳蜗。

原来如此！

隐藏在头骨内的耳朵部分是最脆弱的。那里有耳膜、听骨链和耳蜗，它们的工作是先将声波的机械能转化为听觉神经上的电信号，然后再将电信号传送到大脑皮层的听觉中枢，而后我们才会产生听觉。

我们的耳朵里会产生耳垢，耳垢对耳朵有保护作用，不过如果耳垢过多，就必须及时清除掉。

味觉

舌头能让我们感知食物的味道，这是因为舌头表面分布着味觉感受器——味蕾。味蕾顶端有味孔。当溶解的食物进入味孔时，味觉细胞会因受到刺激而兴奋，之后经神经传到大脑而产生味觉。舌根部位对苦味敏感，舌尖部位对甜味敏感，舌头两侧对酸味和咸味敏感。

人体图说

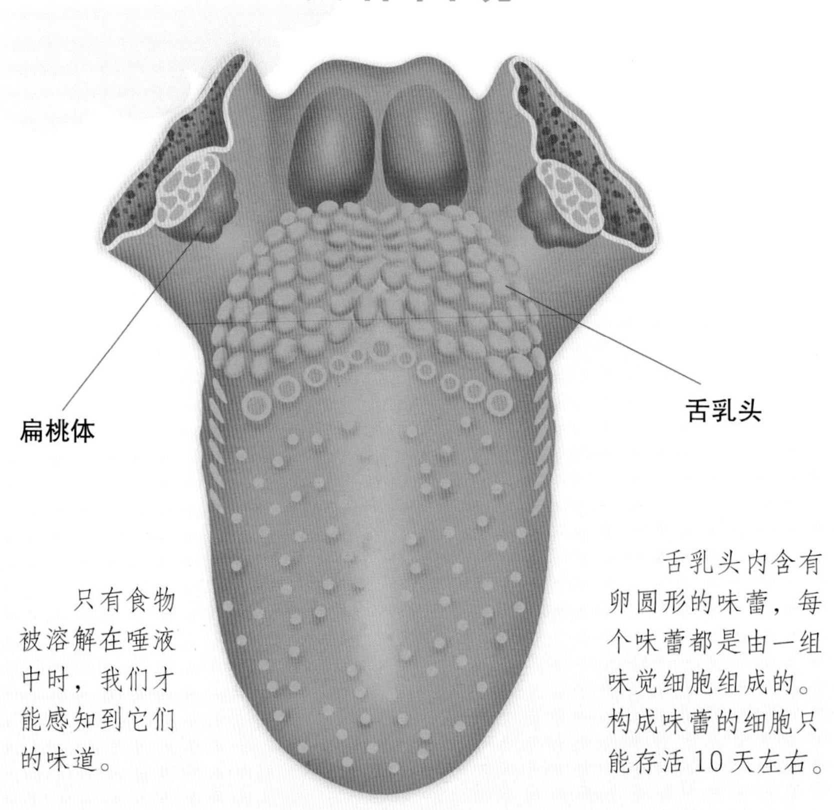

只有食物被溶解在唾液中时，我们才能感知到它们的味道。

舌乳头内含有卵圆形的味蕾，每个味蕾都是由一组味觉细胞组成的。构成味蕾的细胞只能存活 10 天左右。

舌乳头

舌头上有被称作“舌乳头”的微小突起。舌乳头内部的味蕾能够识别酸、甜、苦、咸、鲜五种基本味道。辛辣并不是真正的味道，它只是在舌头上引起疼痛的刺激。

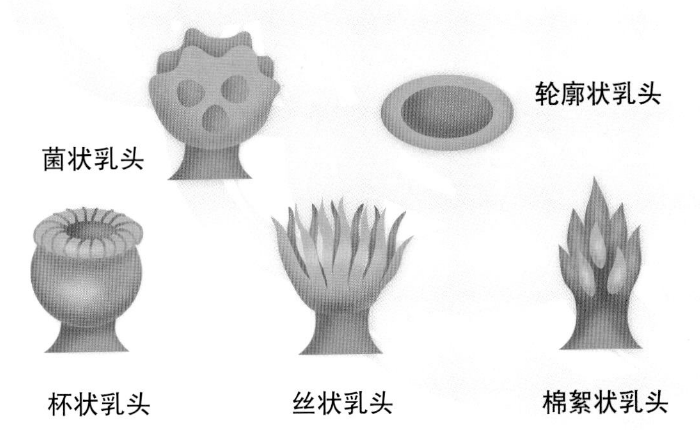

辣椒含有辣椒素，它能够触发舌头上感受痛觉的感受器，所以我们才会觉得辣。

五种味道

舌头上有数以千计的味蕾。丝状味蕾只能感觉到食物的触感和温度，其他形状的味蕾含有可以识别不同味道的细胞，它们能够感知酸、甜、苦、咸、鲜五种味道。

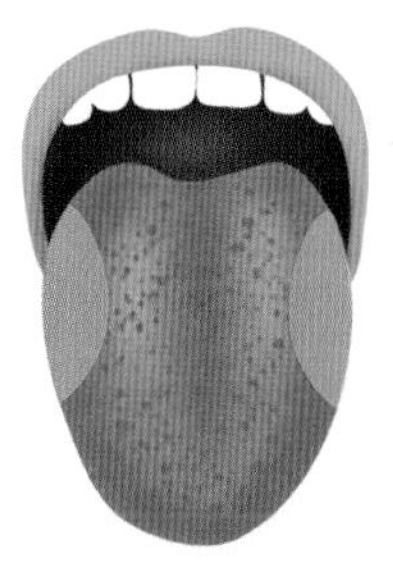

酸味

舌头背面两侧能够感知酸味。

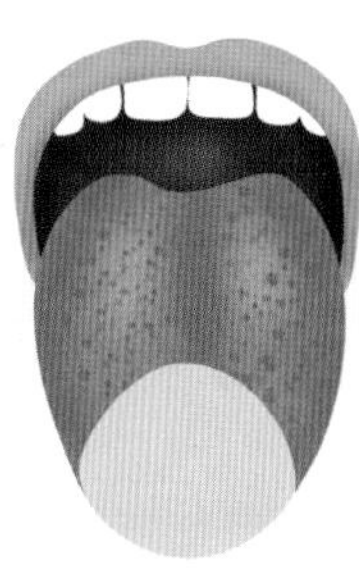

甜味

舌尖部位能够感知甜味。

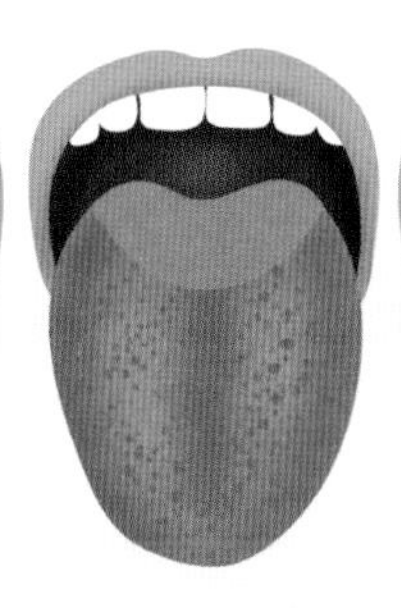

苦味

舌头后部可以感知苦味。

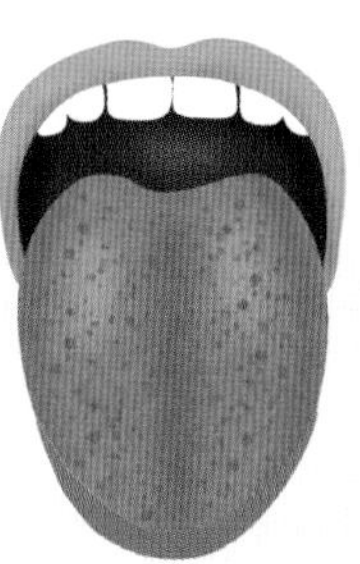

咸味

舌头前部边缘可以感知咸味。

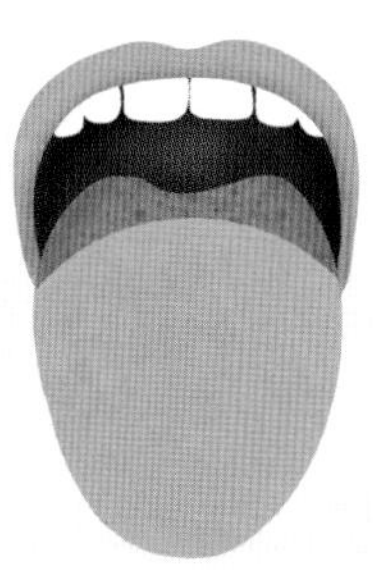

鲜味

整个舌头表面都能够感知鲜味。

嗅觉

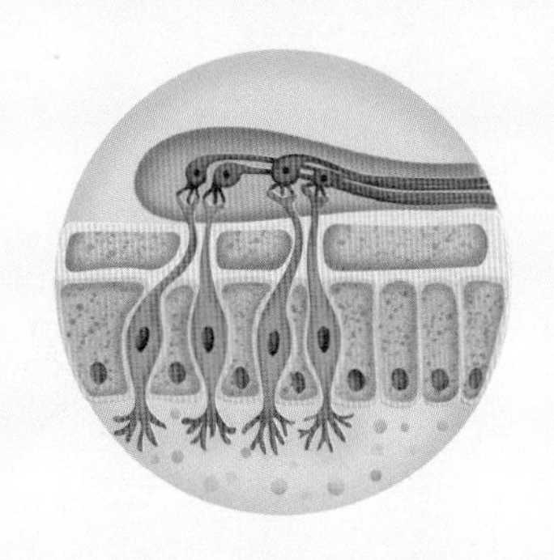

我们的鼻子能够闻到气味，是因为它里面有数以百万计的嗅觉感受器。嗅觉感受器位于鼻腔顶部，它们有着许多微小的纤毛，能够检测到空气的气味。气味分子进入鼻腔，会被溶解在鼻腔黏膜中，这样就会对嗅觉感受器的纤毛产生刺激。然后，嗅觉感受器会产生神经电信号，并通过嗅球发送到大脑的额叶区域。

人体图说

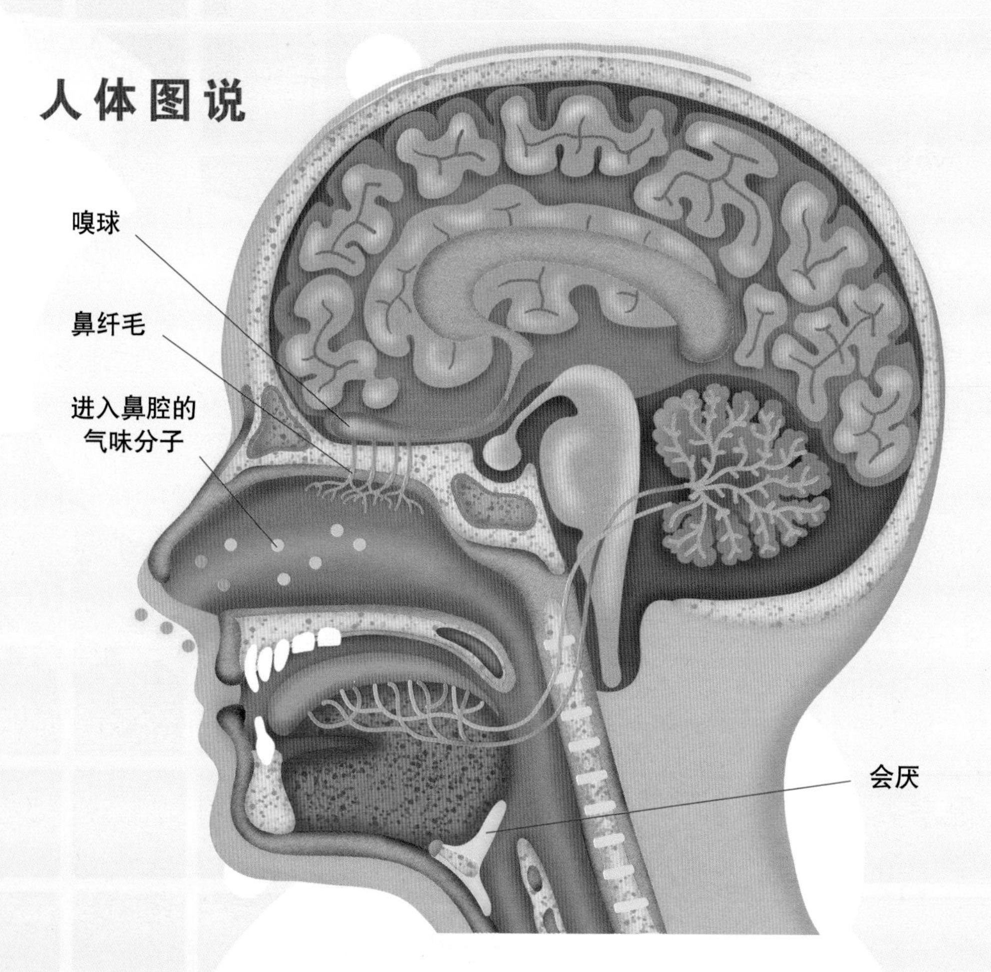

过敏症

空气中不仅仅有气味，还有灰尘、花粉和其他杂质。鼻子或眼睛接触到这些物质时，可能会让人感到不适。一些人对这些物质特别敏感，一旦接触到就会猛烈打喷嚏、咳嗽或皮肤发红。

这些人被称为过敏症患者，他们必须尽可能地远离任何会让他们过敏的物质。

我们熊的嗅觉比狗还要灵敏，我们是世界上嗅觉最发达的动物，顺风可以闻到500米以外的气味。

为什么狗狗的嗅觉比人类灵敏?

狗狗的嗅觉之所以比人类灵敏，是因为它们的鼻子里含有比人类多很多倍的嗅觉感受器，这就是狗狗们很远就能闻到气味的原因。

生命诞生

男女各有一个不同的生殖器官，其中男性生殖器官可以产生精子，女性生殖器官可以产生卵子。精子和卵子相结合，成为受精卵，受精卵经过10个月发育成婴儿，这就是我们人类生命的诞生过程。男女生殖器官的生理构造非常适合精子和卵子结合。只有进入青春期，男女生殖器官才开始具有生育功能。

人体图说

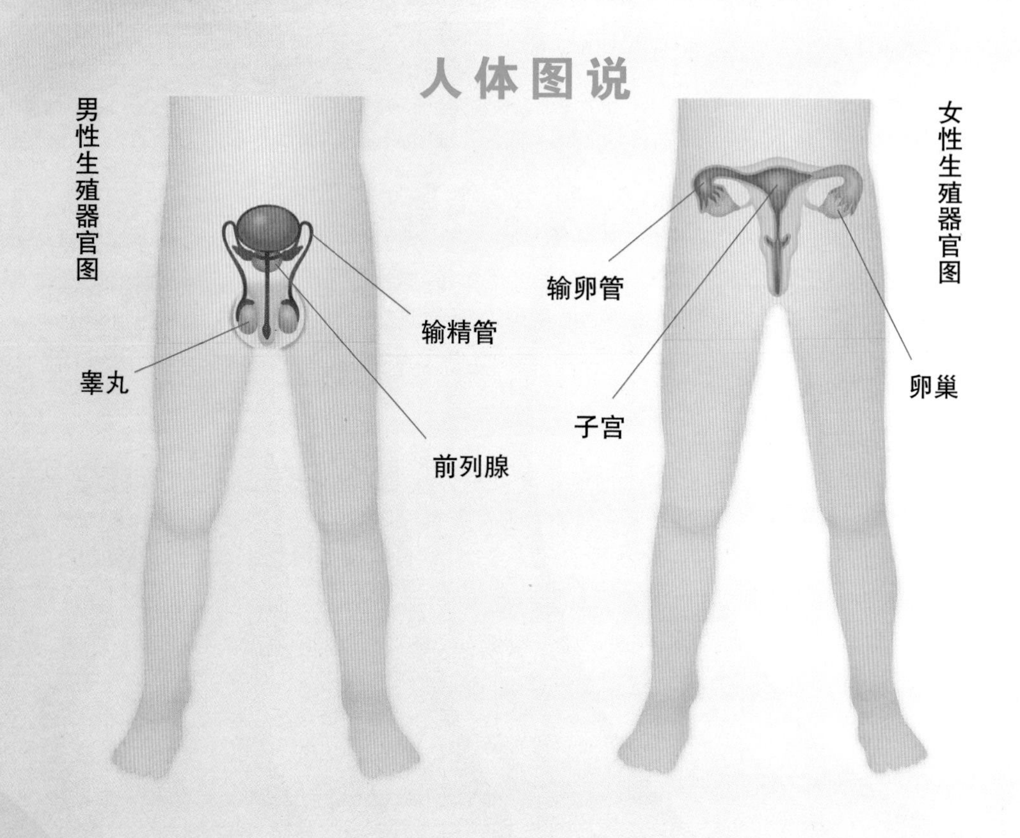

生命是怎样开始的?

男女结合时，会有数以百万计的精子进入阴道，但最终只能有一个精子会与卵子结合。这个幸运的精子会把“尾巴”留在卵子外面，只将头部所含的细胞核与卵子相融合，共同形成一个新细胞——受精卵。受精卵作为人的第一块“砖”将会进行分裂，产生一个小胚胎，从此一个新生命就此开始孕育。

男性 11 岁左右进入青春期，他的两个睾丸负责产生精子，每天可产生超过 2 亿个精子。精子的头部携带着遗传基因，长长的尾巴帮助精子自由游动。

当数以百万计的精子进入阴道后，它们会拖着长长的尾巴争先恐后地前往输卵管。只有大约 100 个精子能够到达输卵管并且寻找到其中的卵子。一旦发现目标，它们就会迅速包围卵子并开始试图进入卵子内部。

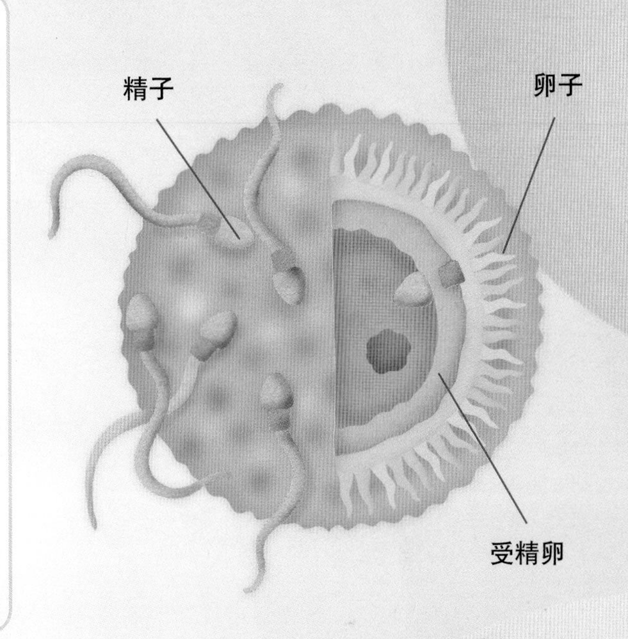

女性的卵巢

女性青春期通常在 10 ~ 14 岁。这时身体会发生巨大变化，乳房会逐渐发育膨大，骨盆会慢慢扩大，这些变化都是在为未来的生育做准备。

进入青春期后，女性通常每个月都会排卵。卵子离开卵巢，通过输卵管进入子宫，等待着精子的到来。

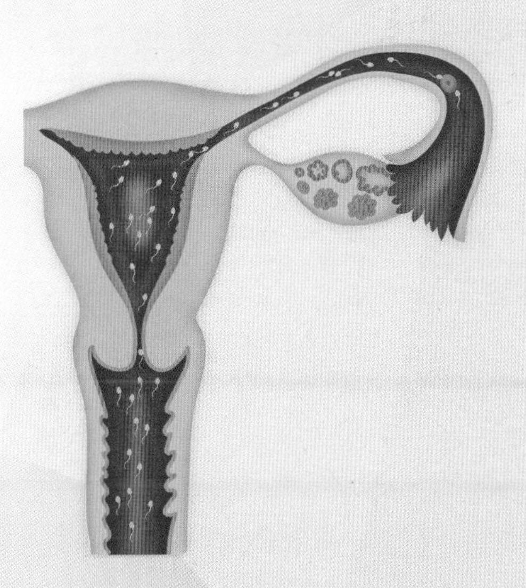

生长发育

精子与卵子结合后，生命的孕育就开始了。在怀孕的前8周，宝宝还只是一个胚胎。在这一时期，宝宝的大脑和其他器官会开始发育。到怀孕第8周的时候，宝宝就能够活动了。

人体图说

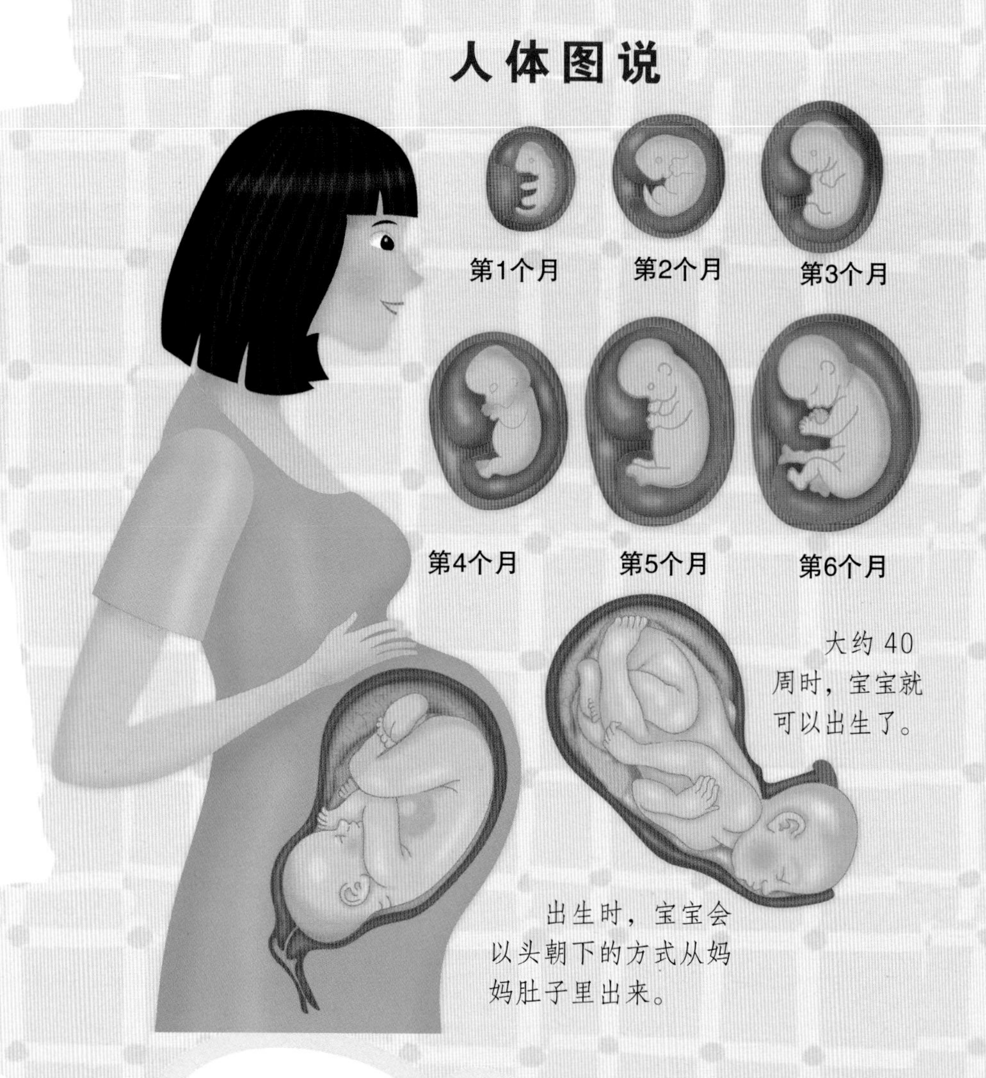

宝宝成长的各个阶段

第1个月

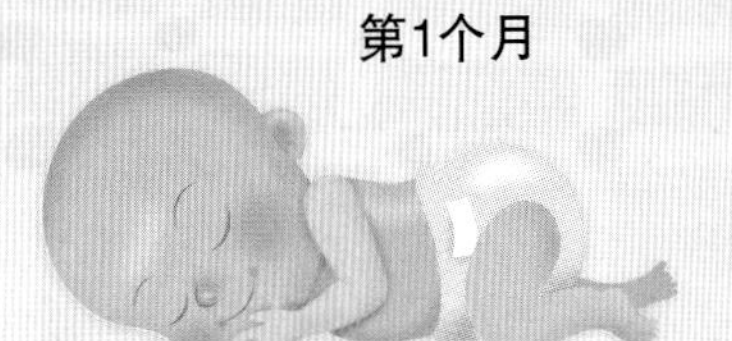

出生后的第 1 个月，宝宝还不能够自由活动，他们会一直保持着同一个姿势不动。

第3个月

长到3个月大时，宝宝就能抬头看外面的世界了。

第6个月

6个月大时，宝宝口中就能发出简短的重复音节，这个成长阶段被称为“牙牙学语”。

第7个月

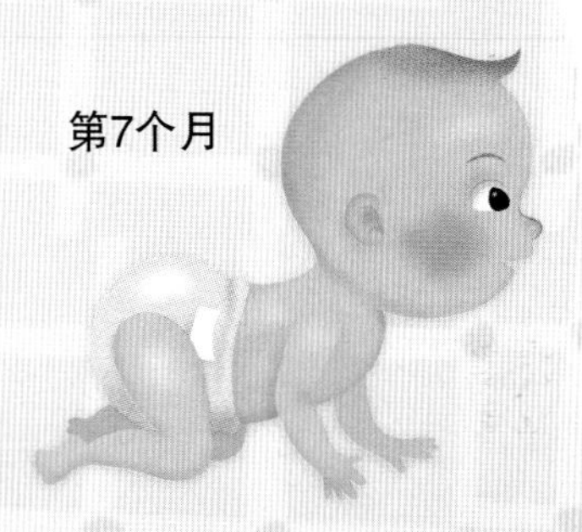

7个月大时，有的宝宝就可以手脚互相配合活动了，他们在这个阶段学会了爬。

第 8 个月

长到8个月时，宝宝就可以不需要任何支撑坐起来了。

接近1岁

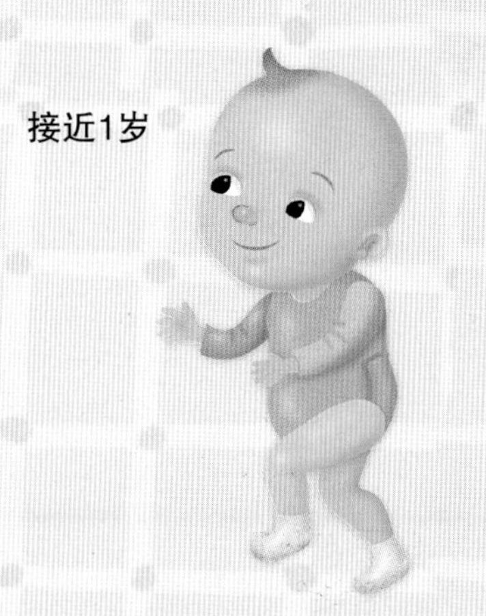

长到1岁左右，宝宝就可以迈出人生的第一步了。

图书在版编目（CIP）数据

奇妙的身体 / 梦学堂编 . -- 北京 : 北京日报出版社，2024.6

（带着科学去旅行 : 中国少年儿童百科全书）

ISBN 978-7-5477-4763-6

Ⅰ . ①奇… Ⅱ . ①梦… Ⅲ . ①人体—少儿读物 Ⅳ . ① R32-49

中国国家版本馆 CIP 数据核字（2023）第 254819 号

带着科学去旅行：中国少年儿童百科全书

奇妙的身体

责任编辑： 辛岐波
出版发行： 北京日报出版社
地　　址： 北京市东城区东单三条 8-16 号东方广场东配楼四层
邮　　编： 100005
电　　话： 发行部：（010）65255876
总编室：（010）65252135
印　　刷： 新生时代（天津）印务有限公司
经　　销： 各地新华书店
版　　次： 2024 年 6 月第 1 版
2024 年 6 月第 1 次印刷
开　　本： 710 毫米 ×1000 毫米　1/16
总 印 张： 40
总 字 数： 588 千字
定　　价： 248.00 元（全 10 册）